中文版

会声会影 X9 从入门到精通

麓山文化 编著

机械工业出版社
CHINA MACHINE PRESS

本书是一本会声会影 X9 案例教程，全书结合 4 大综合实例+141 个课堂举例+520min 视频教学+1641 个免费素材赠送，循序渐进地讲解了会声会影 X9 从获取素材、编辑素材、添加特效，直到刻录输出的全部制作流程和关键技术，帮助读者在操作实践中轻松实现从入门到精通，从新手成为影像编辑高手。

本书共 5 篇 14 章，采用"教程+实例"的形式编写，内容包括会声会影 X9 全新体验、会声会影 X9 快速入门、捕获精彩视频、素材的编辑与调整、完美的视频覆叠、丰富的场景切换、神奇的滤镜特效、主流字幕的制作、强大的音频效果、输出与共享，以及 4 大综合实例：婚纱相册——真爱永恒、时尚写真——致我的青春、全家福相册——相亲相爱一家人、儿童相册——宝贝的快乐成长等内容，使读者能够完整地编辑和制作动态电子相册和影片。本书附录解答了会声会影中常见的问题，帮助读者轻松解决视频制作过程中的疑惑。

本书配套资源丰富，不仅有生动详细的高清讲解视频，还有各实例的素材文件和效果文件，以及海量的视频制作素材赠送，可以大大提升读者的学习兴趣和制作效率。

本书结构清晰、内容实用，适合于广大 DV 爱好者、数码照片工作者、影像相册工作者、数码家庭用户以及视频编辑处理人员等会声会影的初、中级读者阅读，同时也可作为各类计算机培训中心、中职中专、高职高专等院校及相关专业的辅导教材。

图书在版编目（ＣＩＰ）数据

中文版会声会影 X9 从入门到精通 / 麓山文化编著.-- 6 版.
-- 北京 : 机械工业出版社，2017.12
ISBN 978-7-111-58340-0

Ⅰ. ①中… Ⅱ. ①麓… Ⅲ. ①视频编辑软件 Ⅳ. ① TN94

中国版本图书馆 CIP 数据核字 (2017) 第 280191 号

机械工业出版社（北京市百万庄大街 22 号　邮政编码 100037）
责任编辑：曲彩云　　　责任校对：陈秀云
印　　刷：北京兰星球彩色印刷有限公司
2018 年 1 月第 6 版第 1 次印刷
184mm×260mm · 18.5 印张 · 438 千字
0001－3000 册
标准书号：ISBN 978-7-111-58340-0
定价：69.00 元

PREFACE 前言

◎本书特点

会声会影 X9 是 Curel 公司最新推出的操作简单、功能强悍的 DV、HDV 影片剪辑软体，其精美的操作界面和革命性的新增功能将带给用户全新的创作体验。本书以通俗易懂的语言，生动有趣的创意实例带领读者进入精彩的会声会影世界。

总的来说，本书具有以下 4 个特点：

1、实用的视频教材	2、完善的知识体系
本书完全站在初学者的立场，对会声会影 X9 中常用的工具和功能进行了深入阐述，要点突出。书中每章均通过小案例来讲解基础知识和基本操作，保证读者学完知识点后即可进行软件操作。	本书以会声会影 X9 的实际工作流程为主线，循序渐进地讲解从获取素材、编辑素材、添加特效，直到刻录输出的全部制作过程，让您轻松制作出符合自己需求的视频节目。
3、贴心的教学方式	4、直观的教学视频
为了激发读者的兴趣和引爆创意灵感，编者精心安排涵盖婚纱相册、个人写真、全家福相册、儿童相册等多个应用领域的实例，深入剖析会声会影 X9 的每个核心技术细节。通过附录解答了会声会影中常见的问题。	全书配备了多媒体教学视频，可以在家享受专家课堂式的讲解，成倍提高学习兴趣和效率。对于重要命令或操作复杂的命令，结合演示性案例进行介绍，步骤清晰、层次鲜明，学习无后顾之忧。

◎本书的配套资源

本书物超所值，除了书本之外，还附赠以下资源，扫描"资源下载"二维码即可获得下载方式。

配套教学视频：配套 140 集高清语音教学视频，总时长 520 分钟。读者可以先像看电影一样轻松愉悦地通过教学视频学习本书内容，然后对照书本加以实践和练习，以提高学习效率。

本书实例的文件和完成素材：书中的 140 多个实例均提供了源文件和素材，读者可以使用会声会影 X9 打开或访问。

附赠素材：免费赠送的 Flash 动画、背景、音效、相框、遮罩等会声会影视频制作所需的常用素材，读者在实际视频制作过程中灵活运用，可以大幅提升工作效率。

资源下载

◎创作团队

本书由麓山文化编著，参加编写的有：陈志民、江凡、张洁、马梅桂、戴京京、骆天、胡丹、陈运炳、申玉秀、李红萍、李红艺、李红术、陈云香、陈文香、陈军云、彭斌全、林小群、刘清平、钟睦、刘里锋、朱海涛、廖博、喻文明、易盛、陈晶、张绍华、黄柯、何凯、黄华、陈文轶、杨少波、杨芳、刘有良、刘珊、赵祖欣、毛琼健等。

由于编者水平有限，书中错误、疏漏之处在所难免。在感谢您选择本书的同时，也希望您能够把对本书的意见和建议告诉我们。

读者交流

联系邮箱：lushanbook@qq.com

读者QQ群：327209040

麓山文化

目　录

热带风情

第 2 篇 视频剪辑篇

人间仙境

第 3 篇 精彩特效篇

第5篇 案例实战篇

THE END

第1篇 影音入门篇

第1章
会声会影 X9 全新体验

▶ 本章导读：◀

　　会声会影 X9 是 Corel 公司最新推出的、专门为视频爱好者或一般家庭用户打造的操作简单、功能强大的视频编辑软件。它不仅完全符合家庭或个人所需的影片剪辑功能，甚至可以挑战专业级的影片剪辑软件。

　　本章将对会声会影 X9 进行一次全新体验，初步感受一下会声会影 X9 的强大魅力，早日体验会声会影 X9 丰富多彩的影片剪辑世界。

▶ 效果欣赏：◀

1.1 会声会影 X9 简介

会声会影 X9 有完整的影音规格、成熟的影片编辑环境、令人目不暇接的剪辑特效和最撼动人心的 HD 高画质。让用户体验影片剪辑新势力，再创完美视听新享受。

1.1.1 功能介绍

会声会影 X9 是会声会影软件的最新版本，如图 1-1 所示。这一版软件具有操作简单、功能丰富等特点，是 DV 爱好者们理想的视频编辑软件。会声会影 X9 可以将生活中拍摄的一些 DV 片段制作成一个完整的影片，让每一个拥有电影梦想的人都能制作出属于自己的影片。

图 1-1 会声会影 X9

会声会影 X9 可以创建高质量的高清、蓝光及标清影片、相册和 DVD，可以轻松地编辑视频或照片。作为完整的高清视频编辑程序，它以专业设计的模板、华丽的特效、精美的字幕和平滑的转场效果，让用户在创新性上领先一步。同时可以将影片刻录到 DVD、蓝光、高清 AVCHD 和 Blu-ray 光盘，也可以在 PSP、iPod 或 iPhone 上观看，或者直接上传到 YouTube 网站，进行全球共享。

1.1.2 新增功能

会声会影 X9 在会声会影 X8 的基础上新添与增强了以下功能。

1. 多相机编辑器

使用这个功能可以通过从不同相机、不同角度捕获的事件镜头创建外观专业的视频编辑，通过简单的多视图工作区可以在播放视频素材的同时进行动态编辑。只需单击一下，即可从一个视频素材切换到另一个，与播音室从一个相机切换到另一个相机来捕获不同场景角度或元素的方法相同，如图 1-2 所示。

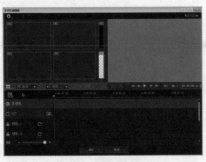

图 1-2 多相机编辑器

2. 增强的等量化音频

在处理不同设备的多个音频记录时，无论是视频素材的一部分还是仅音频素材，每个素材的音量必然有所不同，有时甚至差异很大。通过等量化音频，可以平衡多个素材的音量，以便保证整个项目播放期间音

量范围相同，如图 1-3 所示。

图 1-3 等量化音频

3. 增强音频闪避

通过增强音频闪避，用户可以对音频闪避的引入和引出时间、自动降低背景声音进行微调，以便能够更加清楚地听清叙述者的声音。

4. 全新的添加 / 删除轨道

通过利用全新的右键单击访问无需打开轨道管理器即可插入或删除轨道从而停留在时间轴的编辑流程中，如图 1-4 所示。

5. 多点运动追踪

这个是在运动追踪的基础上新增了一个多点运动

追踪的选项使用运动追踪更加准确,借助运动追踪的多点追踪器更加方便准确地在人物或移动对象上应用马赛克模糊。当人物或对象离相机更近或更远时,自动调整马赛克模糊的大小,如图1-5所示。

图1-4 添加/删除轨道

图1-5 多点运动追踪

6. 增强的音频滤镜库

在滤镜中新增了音频滤镜的显示窗口,如图1-6所示,用户在处理音频文件时就可以直接使用,而不必再右击从菜单栏中先选择音频滤镜然后再添加。

7. 影音快手模板设计器

在会声会影X9中创建影音快手X9模板。与即时项目模板(实际上是之前保存的静态项目)不同,影音快手模板根据用户放入照片和视频的数量自动扩大或缩小,如图1-7所示。

图1-6 音频滤镜

图1-7 影音快手模板

8. 增强的素材库

素材库中现在可以使用音频滤镜和视频滤镜。此外,对导入和备份功能进行了改进,也就是说,可以保留自定义素材库和配置文件,使得在升级或更改设备时,备份和恢复配置文件和媒体文件更加容易。

9. 支持更多格式

支持HEVC(H.265)和*MXF(XAVC),兼容性更高。通过提高压缩率(文件缩小了50%),使新格式更适合减小文件大小(特别是在创建4K项目时),HEVC对H.264进行了改进。

10. 优化性能和速度

编辑视频时速度和性能始终非常重要。会声会影针对第六代Intel芯片进行优化,并改进了MPEG 4和MOV回放性能,从而确保编辑工作高效有趣。

11. 更多NewBlue性能

使用来自业界领导者NewBlue的附加工具,制作难以置信的特殊效果。会声会影X9旗舰版在丰富的效果过滤器系列中增加了*NewBlue Video Essentials VII,有助于纠正色彩、色调和细节,或增加特殊效果,例如倾斜度填充、PIP、自动摇动等。

1.2 会声会影常用术语

会声会影 X9 和其他所有专业视频剪辑软件一样，有许多视频编辑的专业术语。在本节中将学习一些会声会影中的常用术语，这些内容能帮助读者更好更快的理解软件。

1. 视频分辨率

在一段视频作品中，分辨率十分重要。它是视频图像的精密度，是指视频画面能显示的像素多少，分辨率越高，画面越清晰。常见的视频分辨率表达方式为视频的高 / 宽像素值，如 1920×1060，如图 1-8 所示。另外视频分辨率也可以是屏幕比例的设置，常见的屏幕比例有三种：来源帧大小、4:3、16:9，如图 1-9 所示。

图 1-8 视频的高 / 宽像素值

图 1-9 屏幕比例

2. 转场

场景与场景之间的过渡或转换就叫转场。在会声会影中常用的转场有交叉淡化、淡化到黑场等。

3. 项目

项目是指进行视频编辑等加工操作的文件，如照片、视频、音频、边框素材及对象素材等。

4. 关键帧

表示关键状态的帧叫做关键帧。任何动画要表现运动或变化，至少前后要给出两个不同的关键状态，而中间状态的变化和衔接，计算机可以自动生成。

5. 素材

在会声会影中可以进行编辑的对象称为素材，如照片、视频、声音、标题、色彩、对象、边框及 Flash 动画等。

1.3 视频与音频格式解析

在会声会影编辑视频的过程中会经常需要用到各种类型的视频和音频文件。本节将解析这些视频与音频的格式。

1.3.1 视频格式

视频格式有很多种，我们经常会接触到的视频格式有 MPEG-1、MPEG-2 等，下面将一一介绍常用的视频格式。

1. MPEG-1 视频格式

MPEG-1 视频格式一种被广泛接受的，非专业的压缩标准，该标准用于 VHS 质量的图像。它正在被广泛地应用在 VCD 的制作和一些视频片段下载的网络应用上面，大部分的 VCD 都是用 MPEG1 格式压缩的。

2. MPEG-2 视频格式

MPEG-2 视频格式应用在 DVD 的制作，同时在一些高清晰电视广播和一些高要求视频编辑、处理上面也有相当多的应用，同时是电视广播质量的图像的压缩标准。

3. VSP 视频格式

VSP 视频格式是会声会影软件保存的项目文件格式，可用于光盘刻录。会声会影可以直接调用自己保存的项目文件作为视频使用。

4. AVI 视频格式

AVI 视频格式是将语音和影像同步组合在一起的文件格式。这种格式的文件随处可见，是目前视频文件的主流。

5. WMV 视频格式

WMV 视频格式格式的体积非常小，还可以边下载边播放，因此很适合在网上播放和传输。

6. FLV 视频格式

FLV 视频格式是目前被众多新一代视频分享网站所采用，是目前增长最快、最为广泛的视频传播格式。

1.3.2 音频格式

日常生活中，我们会接触到各种音乐。常用的音频格式有下面几种。

1. MP3 音频格式

MP3 音频格式文件能高音质、低采样地压缩。使其在音质丢失很小的情况下，音频文件压缩到最小的程度。是目前应用广泛的音频格式之一。

2. MP4 音频格式

MP4 音频格式音频灵活性强、网络性能好、适用范围更广。它以其高质量、低传输速率等优点已经被广泛应用到网络多媒体、视频会议和多媒体监控等图像传输系统中。

3. WAV 音频格式

WAV 音频格式是一种数字伴音文件格式，也称为声音信号文件。WMA 支持音频流 (Stream) 技术，适合在网络上在线播放。

4. MIDI 音频格式

MIDI 音频格式格式被经常玩音乐的人使用。MID 文件主要用于原始乐器作品，流行歌曲的业余表演，游戏音轨以及电子贺卡等。

5. AU 音频格式

AU 音频格式文件是 SUN 公司推出的一种数字音频格式。AU 文件原先是 UNIX 操作系统下的数字声音文件。由于早期 INTERNET 上的 WEB 服务器主要是基于 UNIX 的，所以，AU 格式的文件在如今的 INTERNET 中也是常用的声音文件格式。

1.4 图像格式及光盘类型

在学习会声会影之前，熟悉各种图像格式和光盘类型有利于对图像的编辑操作及刻录光盘等。本节将学习图像格式和光盘类型。

1.4.1　图像格式

图像格式即图像文件存放在记忆卡上的格式。常见的图像格式有 JPEG、GIF、PSD、CDR、PNG 等，下面将一一介绍这些图像格式。

1.　JPEG 图像格式

JPEG 图像格式是最常用的图像文件格式，是一种有损压缩格式。由于其文件尺寸较小，下载速度快，因此是目前网络上最流行的图像格式。

2.　GIF 图像格式

GIF 图像格式的特点是其在一个 GIF 文件中可以存多幅彩色图像，如果把存于一个文件中的多幅图像数据逐幅读出并显示到屏幕上，就可构成一种最简单的动画。GIF 格式产生的文件较小，常用于网络传输，是网络动画最常用格式。

3.　PSD 图像格式

PSD 图像格式这是 Photoshop 图像处理软件的专用文件格式，文件扩展名是（．psd），可以支持图层、通道、蒙板和不同色彩模式的各种图像特征，是一种非压缩的原始文件保存格式。

4.　CDR 图像格式

CDR 图像格式是绘图软件 CorelDRAW 的专用图形文件格式。由于 CorelDRAW 是矢量图形绘制软件，所以 CDR 可以记录文件的属性、位置和分页等。但它在兼容度上比较差，所有 CorelDraw 应用程序中均能够使用，但其他图像编辑软件打不开此类文件。

5.　PNG 图像格式

PNG 图像格式图片因其高保真性、透明性及文件体积较小等特性，被广泛应用于网页设计、平面设计中。在会声会影中的对象、边框素材均为 PNG 格式。

1.4.2　光盘类型

光盘是以光信息作为存储物的载体是用来存储数据的一种物品。分不可擦写光盘（如 CD-ROM、DVD-ROM 等）和可擦写光盘（如 CD-RW、DVD-RAM 等）。下面将介绍部分光盘的类型。

1.　CD 光盘

CD 是一个用于所有 CD 媒体格式的一般术语。现在市场上有的 CD 格式包括声频 CD、CD-ROM、CD-ROM XA、照片 CD、CD-I 和视频 CD 等。在这多样的 CD 格式中，最为人们熟悉的是声频 CD，它是一个用于存储声音信号轨道，如音乐和歌的标准 CD 格式。

与各种传统数据储存的媒体（如软盘和录音带）相比，CD 是最适于储存大数量的数据，它可以是任何形式或组合的计算机文件、声频信号数据、照片影像文件、软件应用程序和视频数据。CD 的优点包括耐用性、便利和有效的花费。一张 CD 光盘的容量为 700MB。

2.　VCD 光盘

即影音光碟，是一种在光碟上存储视频信息的标准。VCD 可以在个人计算机或 VCD 播放器以及大部分 DVD 播放器中播放。VCD 是一种全动态、全屏播放的视频标准，在亚洲地区被广泛使用。

3. DVD 光盘

DVD 即数字多功能光盘，是一种光盘存储器，通常用来播放标准电视机清晰度的电影，高质量的音乐与做大容量存储数据。

以 MPEG-2 为标准，拥有 4.7GB 的大容量，可储存 133min 的高分辨率全动态影视节目，包括个杜比数字环绕声音轨道，图像和声音质量是 VCD 所不及的。

4. BD-ROM 光盘

能够存储大量数据的外部存储媒体，可称为"蓝光光盘"，如图 1-10 所示。用以储存高品质的影音以及高容量的数据。

图 1-10 蓝光光盘

1.5 软件安装与运行

在进行编辑工作前，首先需要安装会声会影 X9 程序到计算机中。

1.5.1 最佳安装要求

视频编辑因为需要较多的系统资源，所以在配置计算机系统时，考虑的主要因素是硬盘的大小和速度、内存和 CPU，这些因素决定了保存视频的容量以及处理和渲染文件的速度。在编辑视频的工作中，系统配置越高，工作效率也就越高。

1. 最低系统要求

会声会影 X9 最低系统配置要求见表 1-1。

表 1-1 会声会影 X9 最低系统配置

硬件名称	基本配置
CPU	Intel Core Duo 1.80-GHz、Corei3 处理器或 AMD Athlon 64 X2 3800+2.0GHz 或更快的处理器
操作系统	Microsoft Windows10、Windows 8 或 Windows 7 的 64 位操作系统
内存	2GB 的 RAM，Windows 64 位操作系统要求 4GB、针对 UHD 或多相机编辑强烈推荐 8GB
最低分辨率	1024×768
声卡	Windows 兼容的声卡（推荐使用支持环绕声效的多声道声卡）
驱动器	Windows 兼容 DVD-ROM，Windows、兼容 DVD 刻录机（用于 DVD 输出）

2. 建议系统规格

建议系统规格需要更高性能的计算机配置。普通配置的计算机在编辑高清视频时，仍然会出现播放、编辑、显示不流畅的问题，表 1-2 列出了编辑高清影片的建议系统规格。

表 1-2 会声会影 X9 建议系统规格

硬件名称	基本配置
CPU	Intel Core2 Duo 2.5-GHz 处理器或 AMD Dual Core 2.5GHz 或更快的处理器
操作系统	Microsoft Windows10、Windows 8 或 Windows 7 的 64 位操作系统
内存	6 GB 的 RAM，用于完整安装
硬盘	SATA 7200 RPM (PC)，SATA 5500 RPM（便携式计算机）
驱动器	Windows 兼容声卡、Windows 兼容 BD 刻录机（用于 BD 和 DVD 输出）
声卡	Windows 兼容声卡

3. 输入 / 输出设备支持

在使用会声会影 X9 进行影片编辑时，常常需要从不同的设备上获取视频、音频、图片素材，并输出完成影片的制作，表 1-3 列出了会声会影 X9 支持的输入 / 输出设备类型。

表 1-3 会声会影 X9 支持的输入 / 输出设备类型

输入、输出设备	作用及参数
外置设备	从 AVCHD 和其他基于文件的摄像机、数码相机、移动设备和光盘中导入
USB 接口	从 USB 捕获设备、PC 摄像机、网络摄像头捕获
其他端口	从 DV、HDV 和 Digital8 摄像机或 VCR（需要 FireWire 端口）捕获

1.5.2 安装与启动

安装会声会影之前，请确保系统满足最低硬件和软件要求，以获得最佳性能。使用会声会影 X9 程序时，可以根据需要对程序在计算机中的安装位置、所在地区等选项进行选择。

 001 安装会声会影 X9  视频文件: 无

01 将会声会影 X9 安装光盘放入光盘驱动器中，系统将自动弹出安装界面，单击"会声会影 X9"按钮，即可进行会声会影 X9 软件的安装。

02 进入"正在初始化安装向导"界面，即可初始化安装会声会影 X9 软件，并显示初始化进度，如图 1-11 所示。

图 1-11 正在初始化安装向导界面

03 进入"许可协议"界面，勾选"我接受许可协议中的条款"复选框，然后单击"下一步"按钮，如图 1-12 所示。

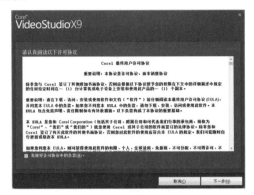

图 1-12 "许可协议"界面

04 进入"使用者体验改进计划"界面，勾选"启用使用者体验改进计划"复选框，然后单击"下一步"按钮，如图 1-13 所示。

图 1-13 "使用者体验改进计划"界面

05 进入下一个页面，输入序列号，再次单击"下一步"按钮，进入下一个页面，设置相应参数，用户可根据需要设置软件的安装路径，单击"下一步"按钮，如图 1-14 所示。

图 1-14 设置软件安装路径

06 安装界面正在配置完成进度，如图 1-15 所示。

图 1-15 安装界面

07 安装向导成功完成后，单击"完成"按钮就可以完成会声会影 X9 程序的安装，如图 1-16 所示。

图 1-16 安装完成

安装完成后，就可以启动会声会影，开始视频剪辑之旅了。用户在会声会影 X9 中完成视频的剪辑，添加特效等操作后需要将视频保存并执行【退出】操作。

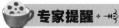
课堂举例 **002** 启动与退出会声会影 X9   视频文件:无

01 在桌面的Corel VideoStudio X9 应用程序图标 上单击鼠标右键,执行【打开】命令,如图 1-17 所示。

🎬 **专家提醒**

通过双击 Windows 桌面上的会声会影 X9 图标或从【开始】菜单中选择 Corel VideoStudio X9 程序组中的 Corel VideoStudio X9，都可以启动会声会影 X9 应用程序。

图 1-17 执行【打开】命令

9

02 执行操作后，即可启动会声会影 X9 的应用程序，进入会声会影的工作界面，如图 1-18 所示。

03 当用户编辑完视频后，可以执行【文件】|【退出】命令，即可退出会声会影 X9 应用程序，如图 1-19 所示。

图 1-18 启动会声会影 X9

图 1-19 退出会声会影

 专家提醒

单击操作界面右上角的按钮 或按 Alt+F4 组合键，都可以退出会声会影 X9 应用程序。

1.5.3 认识欢迎界面

当用户启动会声会影 X9 应用程序时，在启动过程中将不会弹出如图 1-20 所示的欢迎界面，但是用户可以通过在会声会影 X9 界面中，单击素材库上方的"更多获取内容"按钮，打开欢迎界面，该界面可以帮助用户了解软件的最新功能，以及标题、音频、模板等最新下载的网络资源信息。

系统默认打开欢迎界面"首页"选项卡，如图 1-20 所示。

单击"实现更多功能"标签，进入"实现更多功能"选项卡，可浏览下载会声会影官方网站上的最新资源，如图 1-21 所示。可下载资源有模板、音频、标题、工具等类型，单击相应的标签，即可切换到相应类型的下载界面；单击各资源缩略图下的"立即下载"按钮，即可开始下载。

关闭欢迎界面，即可进入编辑界面。在会声会影 X9 编辑界面中，可以通过捕获、编辑、共享 3 个步骤，轻松自如地完成影片编辑。

图 1-20 会声会影 X9 欢迎界面

图 1-21 "实现更多功能"选项卡

1.5.4 软件卸载

在系统中安装软件以后，在使用过程中难免会因为某些原因导致程序无法正常工作。在这样的情况下，最好的办法就是卸载程序再重新安装。

 课堂举例 **003** 卸载会声会影 X9 视频文件:无

01 执行【开始】|【控制面板】命令，打开控制面板，单击"卸载程序"链接，如图 1-22 所示。

图 1-22 单击"卸载程序"链接

02 弹出"程序"对话框，选择要卸载的 Corel VideoStudio Pro X9，然后单击鼠标右键，单击"卸载 / 更改"按钮，如图 1-23 所示。

图 1-23 单击"卸载 / 更改"按钮

03 弹出提示对话框，等待数秒，如图 1-24 所示。

图 1-24 弹出提示对话框

04 弹出"确定要完全删除 Corel VideoStudio X9"对话框，勾选"清除 Corel VideoStudio PX9 中的所有个人设置"复选框，单击"删除"按钮，如图 1-25 所示。

图 1-25 单击"删除"按钮

专家提醒

如果用户不需要清除 Corel VideoStudio X9 中的所有个人设置，可以不用勾选。

05 系统将会提示正在完成配置，如图 1-26 所示。

图 1-26 正在完成配置

06 所有配置完成后，单击"完成"按钮，就可以完成会声会影 X9 程序的卸载，如图 1-27 所示。

图 1-27 卸载完成

1.6 会声会影编辑流程

会声会影是 Corel 公司推出的世界上第一款面向非专业用户的视频编辑软件，界面简洁，易学易用，即使是初学者，也能在软件的引导下轻松制作出完美的影片效果。

会声会影 X9 将影片制作过程简化为三个简单步骤：捕获、编辑和共享。

"巧妇难为无米之炊"，制作影片的第一步，是从摄影机或其他视频源中捕获媒体素材，将其导入到计算机中，该步骤允许捕获和导入视频、照片和音频素材。

"编辑"是会声会影的核心，可以通过它们排列、编辑、修整视频素材，按照先后顺序添加到不同的编辑轨道中，并添加覆盖、动画标题、转场特效和视频特效等效果，使影片精彩纷呈，丰富多彩。

影片制作完成后，为了能与更多人进行分享，需要将影片创建成视频文件，然后发布到网站共享，或者用电子邮件发送给亲朋好友，刻录成光盘等。分享是渲染输出的过程，该步骤可将编辑过程中所有制作的视频元素合并成为一个视频文件。会声会影 X9 提供了多种导出方式，用户可以根据自己的需要来创建影片格式。

第2章
会声会影 X9 快速入门

▶ 本章导读: ◀

熟练掌握会声会影 X9 的基本操作，可以大大提高视频编辑的速度和效率。例如：项目文件的基本操作、系统参数属性设置、即时项目快速制作等。本章即介绍这些基本操作，为后面的深入学习打下坚实的基础。

▶ 效果欣赏: ◀

2.1 会声会影操作界面

会声会影 X9 有完整的影音规格、成熟的影片编辑环境、令人目不暇接的剪辑特效和最撼动人心的 HD 高画质。让用户体验影片剪辑新势力，再创完美视听新享受。

会声会影 X9 的编辑界面由步骤面板、菜单栏、预览窗口、导览面板、工具栏、项目时间轴、素材库、素材库面板、选项面板组成，如图 2-1 所示。

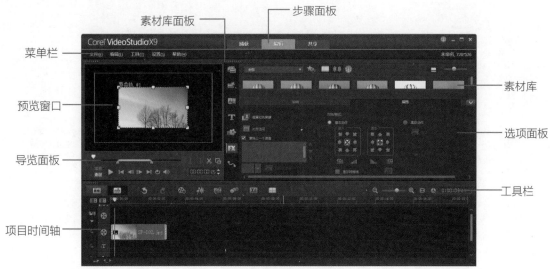

图 2-1 会声会影 X9 操作界面

下面对会声会影 X9 操作界面上各部分的名称和功能做一个简单介绍（见表 2-1），使读者对影片编辑的流程和控制方法有一个基本认识。

表 2-1 会声会影界面各部分的名称和功能

名称	功能及说明
步骤面板	包括捕获、编辑和分享按钮，这些按钮对应视频编辑中的不同步骤
菜单栏	包括文件、编辑、工具和设置菜单，这些菜单提供了不同的命令集
预览窗口	显示了当前项目或正在播放的素材的外观
导览面板	提供一些用于回放和精确修整素材的按钮。在"捕获"步骤中，它也可用作 DV 或 HDV 摄像机的设备控制
工具栏	包括在两个项目视图（如"故事板视图"和"时间轴视图"）之间进行切换的按钮，以及其他快速设置的按钮
项目时间轴	显示项目中使用的所有素材、标题和效果
素材库	存储和组织所有媒体素材，包括视频素材、照片、转场、标题、滤镜、路径、色彩素材和音频文件
素材库面板	根据媒体类型过滤素材库——媒体、转场、标题、图形、滤镜和路径
选项面板	包含控制按钮以及可用于自定义所选素材设置的其他信息。该面板的内容会有所不同，具体取决于所选媒体素材的性质

2.1.1　菜单栏

菜单栏提供的各种命令用于自定义会声会影文件的打开和保存影片项目、处理单个素材等，如图2-2所示。

图2-2　菜单栏

会声会影 X9 菜单栏中各菜单的功能见表2-2。

表2-2　菜单栏菜单功能

名　称	功　能
文件	进行新建、打开和保存等操作
编辑	包括撤消、重复、复制和粘贴等编辑命令
工具	对素材进行多样编辑
设置	对各种管理器进行操作
帮助	包括新增功能、视频教程等帮助信息

2.1.2　预览窗口和导览面板

预览窗口和导览面板如图2-3所示，用于预览和编辑项目所用的素材。使用导览控制可以移动所选素材或项目。使用修整标记和擦洗器可以编辑素材。

图2-3　导览面板

导览面板中各个按钮名称和功能如表2-3所示。

表2-3　导览面板各个按钮名称和功能

项目 / 素材模式	指定预览整个项目或只预览所选素材
播放▶	播放、暂停或恢复当前项目或所选素材
起始◀	返回起始片段或提示
上一帧◀▮	移动到上一帧
下一帧▮▶	移动到下一帧
结束▶▮	移动到结束片段或提示
重复↻	循环回放
系统音量◀))	可以通过拖动滑动条调整计算机扬声器的音量

项目 / 素材模式	指定预览整个项目或只预览所选素材
时间码 00:00:02:01	通过指定确切的时间码，可以直接跳到项目或所选素材的某个时间
扩大预览窗	增大预览窗口的大小
分割素材	分割所选素材。将擦洗器放在想要分割素材的位置，然后单击此按钮
开始标记 [结束标记]	在项目中设置预览范围或设置素材修整的开始和结束点
滑块	移动到结束片段或提示
修整标记	可以拖动设置项目的预览范围或修整素材

2.1.3 工具栏

通过工具栏用户可以方便快捷地访问编辑按钮，如图 2-4 所示。还可以在"项目时间轴"上放大和缩小项目视图，以及启动不同工具以进行有效的编辑。

图 2-4 工具栏

工具栏上各工具的名称和功能见表 2-4。

表 2-4 工具栏 上各工具的名称和功能

故事板视图	指定预览整个项目或只预览所选素材
时间轴视图	可以在不同的轨中对素材执行精确到帧的编辑操作
撤消	撤消上次的操作
重复	重复上次撤销的操作
录制 / 捕获选项	显示"录制 / 捕获选项"面板，可在同一位置执行捕获视频、导入文件、录制画外音和抓拍快照等所有操作
混音器	启动"环绕混音"和多音轨的"音频时间轴"，自定义音频设置
自动音乐	添加背景音乐，智能收尾
运动跟踪	瞄准并跟踪屏幕上移动的物体，然后将其连接到如文本和图形等元素
字幕编辑器	可使添加文本与视频中的音频同步
缩放控件	通过使用缩放滑动条和按钮可以调整"项目时间轴"的视图
将项目调到时间轴窗口大小 0:00:05:06	将项目视图调到适合于整个"时间轴"跨度
项目区间	显示项目区间

2.1.4 步骤面板

会声会影 X9 将影片制作过程简化为三个简单步骤，如图 2-5 所示。单击步骤面板中的按钮，可在步骤之间进行切换。

图2-5 步骤面板

步骤面板中各步骤的功能如表2-5所示。

表2-5 步骤面板中各步骤功能

捕获	媒体素材可以直接在"捕获"步骤中录制或导入到计算机的硬盘驱动器中。该步骤允许捕获和导入视频、照片和音频素材
编辑	"编辑"步骤和"时间轴"是会声会影的核心,可以通过它们排列、编辑、修整视频素材并为其添加效果
共享	"共享"步骤可以完成的影片导出到磁盘或DVD等

2.1.5 选项面板

选项面板会随程序的模式和正在执行的步骤或轨道发生变化。"选项面板"可能包含一个或两个选项卡,每个选项卡中的控制和选项都不同,具体取决于所选素材。覆叠素材选项面板如图2-6所示。

图2-6 覆叠素材选项面板

2.1.6 自定义界面

在会声会影 X9中,用户可根据需要自定义工作区,更改各个面板的大小和位置,从而在编辑视频时更方便、更灵活。该功能可优化编辑工作流程。

 课堂举例 004 自定义界面 视频文件:DVD\ 视频 \ 第 2 章 \2.1.6.MP4

01 启动会声会影 X9后,界面的默认状态如图2-7所示。

图2-7 默认界面

02 移动光标至面板左上角,单击鼠标左键不放并拖动,如图2-8所示。

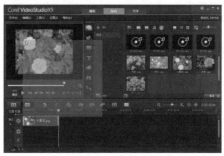

图2-8 选择并拖动

03 释放鼠标即可调整面板的位置。移动光标至面板边缘，当光标变成双向箭头时拖动鼠标，即可调整面板的大小，如图 2-9 所示。执行同样的操作，根据需要调整其他面板的位置和大小。

04 面板的位置和大小调整完成后，执行【设置】|【布局设置】|【保存至】|【自定义 #1】命令，如图 2-10 所示，将界面布局进行保存。

图 2-9 调整大小

图 2-10 保存自定义界面

技巧点拨

当需要恢复至默认界面时，执行【设置】|【布局设置】|【切换到】|【默认】命令即可，如图 2-11 所示。

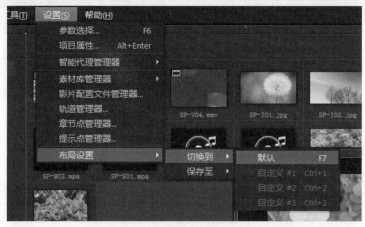

图 2-11 恢复默认工作界面

2.2 项目文件的基本操作

所谓项目，就是进行视频编辑等加工工作的文件。它可以保存视频文件素材、图片素材、声音素材、背景音乐以及字幕、特效等使用参数信息。

2.2.1 新建项目文件

会声会影 X9 将影片制作过程简化为三个简单步骤，如图 2-5 所示。单击步骤面板中的按钮，可在步骤之间进行切换。

在启动会声会影 X9 时，系统会自动新建一个未命名的新的项目文件，让用户开始制作视频作品。

在视频编辑的过程中，用户也可以随时新建项目文件，方法有以下两种：

◆选择【文件】|【新建项目】菜单命令。

◆按下 Ctrl+N 组合键。

2.2.2 打开项目文件

用户需要使用已经保存的项目文件时，可以将其打开，然后再进行相应的编辑。会声会影项目文件的格式为 .VSP，双击项目文件即可将其打开，或者在会声会影的菜单下进行操作也可打开项目文件。

 005 打开项目文件 视频文件: DVD\ 视频 \ 第 2 章 \2.2.2.MP4

01 打开会声会影 X9，执行【文件】|【打开项目】命令，或按下 Ctrl+O 组合键，如图 2-12 所示。

02 在弹出的"打开"对话框中，选择需要打开的项目文件，如图 2-13 所示。单击"打开"按钮，即可打开选择的项目文件，在预览窗口中进行预览。

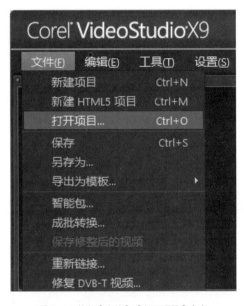

图 2-12 执行【文件】|【打开项目】命令

图 2-13 选择需要打开的项目文件

技巧点拨

最近编辑和保存的项目文件会显示在"文件"菜单的最近打开文件列表中，单击该列表中项目文件，即可快速在当前工作区将其打开。

2.2.3 保存项目文件

在制作影片的过程中，要注意随时保存劳动成果。保存后的项目还可以重新打开。修改其中的某些部分，然后对修改过的各个元素进行渲染便可生成新的影片。

 006 保存项目文件 视频文件: DVD\ 视频 \ 第 2 章 \2.2.3.MP4

01 在会声会影 X9 编辑界面中，执行【文件】|【保存】命令，或按下 Ctrl+S 组合键，如图 2-14 所示。

02 弹出"另存为"对话框，在其中设置文件的保存路径及文件名称，单击"保存"按钮，如图 2-15 所示，即可保存项目文件。

图 2-14 执行【文件】|【保存】命令

图 2-15 "另存为"对话框

2.2.4 另存项目文件

对当前编辑完成的项目文件进行保存后,若需要将文件进行备份,可使用会声会影 X9 文件中的【另存为】命令,另外存储一份项目文件。

 课堂举例 007 另存项目文件   视频文件: DVD\ 视频 \ 第 2 章 \2.2.4.MP4

 在会声会影 X9 编辑界面中,单击【文件】菜单项,在下拉菜单中选择【另存为】命令,如图 2-16 所示。

02 弹出"另存为"对话框,在其中设置文件的保存路径及文件名称,单击"保存"按钮即可保存项目文件,如图 2-17 所示。

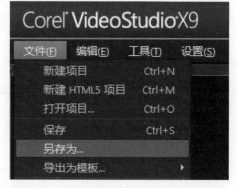

图 2-16 选择【另存为】命令

图 2-17 "另存为"对话框

2.3 设置参数属性

启动会声会影 X9 时创建的新项目,总是基于应用程序的默认设置,用户可根据需要对工作环境参数进行设置,从而节约时间,提高视频编辑的效率。

2.3.1 设置常规参数

进入会声会影 X9 工作界面后,执行【设置】|【参数选择】命令,如图 2-18 所示。在弹出的"参数选择"对话框中,可以对参数进行基本设置,如图 2-19 所示。

图 2-18 执行【设置】|【参数选择】命令　　　　　　　　　　　　　　　　图 2-19 "参数选择"对话框

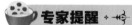 专家提醒

想要快速调出"参数选择"对话框，可以使用快捷键 F6。

1. 常规选项卡

"常规"选项卡用于设置会声会影 X9 编辑器中基本操作的参数，它的功能和作用见表 2-6。

表 2-6 "常规"选项卡的功能和作用

撤消	撤消上一步所执行的操作步骤。可以通过设置"级数"中的数值来确定撤消次数，该数值框可以设置的参数范围为 0-99
重新链接检查	可以自动检查项目中的素材与其来源文件之间的关联。如果来源文件存放的位置被改变，则会弹出信息提示框，通过该对话框，用户可以将来源文件重新链接到素材
工作文件夹	设置程序中一些临时文件夹的保存位置
音频工作文件夹	设置程序中一些音频文件的临时保存位置
素材显示模式	设置时间轴上素材的显示模式
媒体库动画	勾选该复选框可启用媒体库中的媒体动画
将第一个视频素材插入到时间轴时显示消息	会声会影在检测到插入的视频素材的属性与当前项目的设置不匹配时显示提示信息
自动保存间隔	选择和自定义会声会影程序自动保存当前项目文件的时间间隔，这样可以最大限度地减少不正常退出时的损失
即时回放目标	设置回放项目的目标设备。提供了 3 个选项，用户可以同时在预览窗口和外部显示设备上进行项目的回放
背景色	单击右侧的黑色方框图标，弹出颜色选项，选中相应颜色，即可完成会声会影预览窗口背景色的设置

在预览窗口中显示标题安全区域	勾选此复选框，在创建标题时，预览窗口中显示标题安全框，只要文字位于此矩形框内，标题就可完全显示出来
在预览窗口中显示 DV 时间码	DV 视频回放时，可预览窗口上的时间码。这就要求计算机的显卡必须是兼容 VMR（视频混合渲染器）
在预览窗口中显示轨道提示	勾选此复选框，可以在预览窗口中，将轨道提示完全显示出来
电视制式	用于确认电视制式，有 NTSC 和 PAL 两种，一般选择 PAL

2. 编辑选项卡

在"参数选择"对话框中，选择"编辑"选项卡，如图 2-20 所示，它的功能和作用见表 2-7。

表 2-7 "编辑"选项卡的功能和作用

应用色彩滤镜	选择调色板的色彩空间，有 NTSC 和 PAL 两种，一般选择 PAL
重新采样质量	指定会声会影里的所有效果和素材的质量。一般使用较低的采样质量（例如较好）获取最有效的编辑性能
用调到屏幕大小作为覆盖轨上的默认大小	勾选该复选框，插入到覆盖轨道的素材默认大小设置为适合屏幕的大小
默认照片 / 色彩区间	设置添加到项目中的图像素材和色彩的默认长度，区间的时间单位为秒
显示 DVD 字幕	设置是否显示 DVD 字幕
图像重新采样选项	选择一种图像重新采样的方法，即在预览窗口中的显示。有保持高宽比和调整到项目大小两个选项
对照片应用去除闪烁滤镜	减少在使用电视查看图像素材时所发生的闪烁
在内存中缓存照片	允许用户使用缓存处理较大的图像文件，以便更有效的进行编辑
默认音频淡入 / 淡出区间	用于设置音频的淡入和淡出的区间，在此输出的值是素材音量从正常至淡化完成之间的时间总值
即时预览时播放音频	勾选该复选框，在时间轴内拖动音频文件的飞梭栏，即可预览音频文件
自动应用音频交叉淡化	允许用户使用两个重叠视频，对视频中的音频文件应用交叉淡化
默认转场效果的区间	指定应用于视频项目中所有转场效果的区间，单位为秒
自动添加转场效果	勾选了该复选框后，当项目文件中的素材超过两个时，程序将自动为其应用转场效果
默认转场效果	用于设置了自动转场效果时所使用的转场效果
随机特效	用于设置随机转场的特效

3. 捕获选项卡

在"参数选择"对话框中，选择"捕获"选项卡，如图 2-21 所示，它的功能和作用见表 2-8。

图 2-20 "编辑"选项卡

图 2-21 "捕获"选项卡

表 2-8 "捕获"选项卡的功能和作用

按"确定"开始捕捉	勾选该复选框后,在捕获视频时,需要在弹出的提示对话框中按下"确定"按钮才能开始捕获视频
从 CD 直接录制	勾选该复选框,可以直接从 CD 播放器上录制音频文件
捕获格式	指定捕获的静态图像文件格式有 BITMP、JPEG 两种格式
捕获质量	指定捕捉视频或者图像文件的质量,其参数范围为 10 ~ 100
捕获去除交织	在捕获图像时保持连续的图像分辨率,而不是交织图像的渐进图像分辨率
捕获结束后停止 DV 磁带	DV 摄像机在视频捕获过程完成后,自动停止磁带的回放
显示丢弃帧的信息	勾选该复选框,可以在捕获视频时,显示在视频捕获期间共丢弃多少帧
开始捕获前显示恢复 DVB-T 视频警告	选中该复选框可以显示恢复 DVB-T 视频警告,以便捕获流畅的视频素材
在捕获过程中总是显示导入设置	勾选该复选框,则可以在捕获视频或者静态图像时,显示导入设置信息

2.3.2 设置项目属性

项目属性设置包括项目格式、帧大小、宽高比、压缩等。进入会声会影 X9 工作界面后,执行【设置】|【项目属性】命令,弹出"项目属性"对话框,在项目格式下包含多种格式,如图 2-22 所示。选择一种格式,单击"编辑"按钮,在打开的对话框中即可设置项目属性,如图 2-23 所示。

图 2-22 "项目属性"对话框

图 2-23 设置项目属性

2.4 | 认识视图模式

会声会影 X9 编辑界面中有 3 种视图模式，分别为故事板视图、时间轴视图和混音器视图，每个视图模式都有其特点和应用场合，用户在进行相关编辑时，可以选择最佳的视图模式。

2.4.1 故事板视图

整理视频轨中的照片和视频素材，最快、最简单的方法是使用"故事板视图"，如图 2-24 所示。故事板中的每个缩略图都代表一张照片、一个视频素材或一个转场。缩略图是按其在项目中的位置显示的，可以拖动缩略图重新进行排列。每个素材的区间都显示在缩略图的底部。此外，也可以在素材之间插入转场以及在"预览窗口"修整所选的素材。

图 2-24 故事板视图

2.4.2 时间轴视图

"时间轴视图"为影片项目中的元素提供最全面的显示，如图 2-25 所示。它按视频、覆叠、标题、声音和音乐将项目分成不同的轨，可以粗略浏览不同素材的内容。时间轴模式的素材可以是视频文件、静态图像、声音文件或者转场效果，也可以是彩色背景或标题。

图 2-25 时间轴视图

时间轴视图中各部分的功能见表 2-9。

表 2-9 时间轴各项功能

显示全部可视化轨道	显示项目中的所有轨道
轨道管理器	可以管理"项目时间轴"中可见的轨道
所选范围	显示代表项目的修整或所选部分的色彩栏
添加 / 删除章节或提示	可以在影片中设置章节或提示点
启用 / 禁用连续编辑	当用户插入素材时锁定或解除锁定任何移动的轨

自动滚动时间轴	预览的素材超出当前视图时，启用或禁用"项目时间轴"的滚动
滚动控制	可以通过使用左和右按钮或拖动"滚动栏"在项目中移动
时间轴标尺	通过以"时：分：秒：帧"的形式显示项目的时间码增量，帮助用户确定素材和项目长度
视频轨	包含视频、照片、色彩素材和转场
覆叠轨	包含覆叠素材，可以是视频、照片、图形或色彩素材
标题轨	包含标题素材
声音轨	包含画外音素材
音乐轨	包含音频文件中的音乐素材

技巧点拨

将鼠标放置在缩放控件或时间轴标尺上，使用滚轮可以放大或缩小"项目时间轴"。

2.4.3 混音器视图

混音器视图可以通过混音面板实时地调整项目中音频轨的音量和音频轨中特定的音量（如图2-26所示），以及设置音频素材的深入浅出特效、长回音特效、放大特效等。

图 2-26 混音器视图

2.5 使用模板快速制作影片

会声会影 X9 之所以易学易用，最重要一点在于提供了各种预设模板，使非专业用户也可以轻松制作出精彩的视频作品。

2.5.1 影音快手模板

影音快手功能提供了很多精彩范本，用户打开影音快手后选择相应的模板，再添加拍摄的视频、照片等素材，修改字幕、音频等素材即可，即使是毫无基础的用户也可以快速制作出令人惊叹的出色影片。

 课堂举例 **008** **温馨一家** 视频文件: DVD\ 视频 \ 第 2 章 \2.5.1.MP4

效果展示

01 在桌面上选择"影音快手"图标，单击鼠标右键，执行"打开"命令，如图 2-27 所示。

02 启动程序后的界面如图 2-28 所示。

图 2-27 执行"打开"命令

图 2-28 启用程序后的界面

专家提醒

在会声会影编辑界面中，执行【工具】|【影音快手】命令也可打开"影音快手"界面。

03 在右侧主题的下拉列表中选择需要的主题，如图 2-29 所示。

04 选择相应的主题后，在主题下选择范本，在左侧的预览窗口下单击"播放"按钮可预览范本效果，如图 2-30 所示。

图 2-29 选择主题

图 2-30 预览范本效果

05 范本选择完成后，在界面下方单击"添加媒体"按钮，如图 2-31 所示。

图 2-31 单击"加入您的媒体"按钮

06 进入第 2 步操作，单击右侧媒体库区域中的"新增媒体"按钮，如图 2-32 所示。

图 2-32 单击"新增媒体"按钮

07 在弹出的对话框中选择需要添加的素材，如图 2-33 所示。

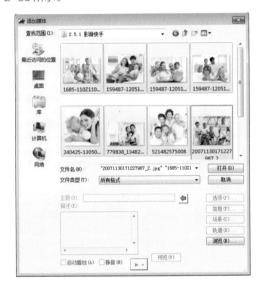

图 2-33 选择素材

08 单击"打开"按钮，素材被添加到媒体库中，如图 2-34 所示。

图 2-34 添加到媒体库

09 添加到媒体库中的素材还能进行旋转编辑。选择素材，单击鼠标右键，执行"向左旋转"命令，如图 2-35 所示。

图 2-35 执行"向左旋转"命令

10 素材即会相应地旋转，旋转后的效果如图 2-36 所示。

图 2-36 旋转后效果

11 选择素材，单击鼠标右键，执行"删除"命令，如图 2-37 所示，则可将不需要的素材删除。

图 2-37 执行"删除"命令

12 弹出提示对话框，如图 2-38 所示，单击"是"按钮即可删除素材。

图 2-38 单击"是"按钮

13 素材添加完成后，选择任意素材，拖动素材，当出现橘黄色的竖线时则可调整到该位置，如图 2-39 所示。

图 2-39 拖动素材

14 或拖动素材到其他素材上，当图片上出现 图标时，则可对两个素材进行位置替换，如图 2-40 所示。

图 2-40 替换位置

15 在预览窗口下方拖动滑块可显示相应时间的影片，在滑块下方的紫色条代表着该时间区域内的字幕效果，单击紫色条，然后单击"编辑标题"按钮，如图 2-41 所示。

图 2-41 单击"编辑标题"按钮

16 在预览窗口即可对标题内容进行修改，如图 2-42 所示。

图 2-42 修改标题内容

17 在右侧打开的"选项"面板中可对标题的字体、颜色等选项进行编辑，如图 2-43 所示。

图 2-43 编辑标题选项

18 对标题进行编辑后可对音乐进行编辑，如图 2-44 所示。

图 2-44 编辑音乐选项

19 用同样的方法对其他标题进行编辑。编辑完成后，单击"选项"按钮关闭"选项"面板，如图 2 -45 所示。

图 2-45 单击"选项"按钮

20 单击"播放"按钮预览编辑后的效果，如图 2-46 所示。

图 2-46 单击"播放"按钮

21 单击"保存和共享"按钮，进入第 3 步操作，如图 2-47 所示。

图 2-47 单击"保存和共享"按钮

22 对文件格式进行选择，设置文件名及存储路径后单击"保存电影"按钮，如图 2-48 所示。

图 2-48 单击"保存电影"按钮

23 影片开始进行建构并进行效果播放，建构完成后弹出提示对话框，单击"确定"按钮，如图 2-49 所示。

24 影片制作完成后，单击"播放"按钮，弹出"播放"对话框，预览最终效果，如图 2-50 所示。

图 2-49 单击"确定"按钮

图 2-50 预览最终效果

2.5.2 应用即时项目模板

在捕获、插入视频或图像素材后，选择要使用的即时项目模板，程序就会自动为影片添加专业的片段、片尾、背景音乐和转场效果等，使影片具有丰富的视频效果。

课堂举例 009 应用即时项目　　视频文件：DVD\视频\第 2 章\2.5.2.MP4

01 进入会声会影 X9 编辑器，在素材库中单击"即时项目"按钮，如图 2-51 所示。

02 进入"即时项目"素材库，在模板分类中选择"结尾"，如图 2-52 所示。

图 2-51 单击"即时项目"按钮

图 2-52 选择结尾

03 在素材库中选择一个模板，单击鼠标左键并拖曳至项目时间轴中，释放鼠标，如图 2-53 所示。

图 2-53 将模板拖曳到时间轴中

04 单击导览面板中的"播放"按钮，预览主题模板效果，如图 2-54 所示。

图 2-54 预览主题模板效果

专家提醒 ↔

用户在即时项目素材中选择模板，添加到项目时间轴中后可对素材进行替换或编辑，从而制作不同的视频效果。

2.5.3 应用自定义模板

除了"即时项目"中已有的模板，还可以下载预设模板。

 课堂举例 **010 应用自定义模板**　　视频文件: DVD\ 视频 \ 第 2 章 \2.5.3.MP4

01 在"即时项目"素材库中选择"自定义"分类，然后单击"获取更多内容"按钮，如图 2-55 所示。

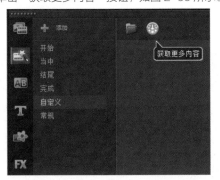

图 2-55 单击"获取更多内容"按钮

02 在打开的对话框中选择一个模板，单击"立即下载"按钮，如图 2-56 所示。

图 2-56 单击"立即下载"按钮

03 弹出对话框，提示正在下载，如图 2-57 所示。

图 2-57 提示正在下载

04 下载完成后打开对话框，单击"立即安装"按钮，如图 2-58 所示。

图 2-58 单击"立即安装"按钮

05 等待解压缩后，弹出安装对话框，单击"我接受该许可证协议中的条款"单选按钮，然后单击"安装"按钮，如图 2-59 所示。

图 2-59 单击"安装"按钮

06 等待安装完成，单击"完成"按钮，如图 2-60 所示。

图 2-60 单击"完成"按钮

07 弹出对话框，查看安装的路径，如图 2-61 所示。

图 2-61 安装路径

08 在会声会影素材库中单击鼠标右键，执行【导入一个项目模板】命令，如图 2-62 所示。

图 2-62 执行【导入一个项目模板】命令

09 在弹出的对话框中选择模板保存的路径，选择一个模板，单击"打开"按钮，如图 2-63 所示。

图 2-63 选择模板

10 此时的素材库中即导入了自定义的模板，如图 2-64 所示。

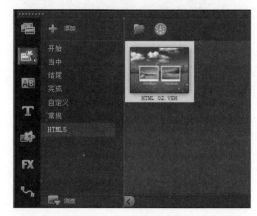

图 2-64 导入模板

11 选择模板，将其拖入时间轴中，如图 2-65 所示。

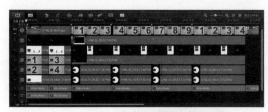

图 2-65 拖入时间轴

12 在导览面板中单击"播放"按钮，播放模板效果，如图 2-66 所示。

图 2-66 播放模板

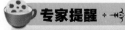 **专家提醒**

除了会声会影中预设的模板外，用户还可以使用网络上下载的会声会影模板。

2.5.4 替换模板素材

添加即时项目中的模板后最重要的一步就是替换素材，这样才能使模板变成真正的影片。

课堂举例 011 替换模板素材　视频文件: DVD\视频\第2章\2.5.4.MP4

01 选择时间轴中的视频素材，单击鼠标右键，执行【替换素材】|【视频】命令，如图2-67所示。

02 在弹出的对话框中选择视频，单击"打开"按钮，如图2-68所示。

图2-67 执行【替换素材】|【视频】命令

图2-68 单击"打开"按钮

03 即可完成替换视频素材的替换操作，替换后在预览窗口中预览效果，如图2-69所示。

04 其他的素材也可以使用同样的方法替换。选择标题轨中的素材，双击鼠标，如图2-70所示。

图2-69 预览效果

图2-70 选择标题轨中的素材

05 在预览窗口的标题上双击鼠标，修改文字，如图2-71所示。

图2-71 预览效果

2.6 | 运用 DV 转 DVD 向导

会声会影 X9 之所以易学易用，最重要一点在于提供了各种预设模板，使非专业用户也可以轻松制作出精彩的视频作品。

在"DV 转 DVD 向导"界面中，可以对视频的捕获区间、捕获格式以及场景检测等进行设置。设置完成后，就可以对视频进行捕获并刻录。执行【工具】|【DV 转 DVD 向导】命令，即可打开界面，如图 2-72 所示。

图 2-72 "DV 转 DVD 向导"界面

◆ 预览窗口：预览 DV 中录制的视频画面。

◆ 时间码：显示视频画面在 DV 中的时间位置。

◆ 导览面板：执行视频的播放、停止等作用，共包括 7 个工具按钮。

◆ 设备列表：选择刻录设备

◆ 捕获格式：选择捕获视频的格式，共两种格式

◆ 刻录整个磁带：选中该选项，即可刻录整个磁带

◆ 场景检测：设置场景检测的起始位置，共有两个选项，用户根据需要自行选择。

◆ 速度：设置视频捕获时的速度。

◆ 开始扫描：执行扫描操作。

◆ 选项按钮：设置扫描后的视频文件保存进行格式设置。

◆ 故事板：用于放置扫描到的视频片段。

◆ 标记按钮：对扫描到的场景进行标记设置。

◆ 下一步和关闭按钮：进行程序的下一步操作或关闭。

第2篇 视频剪辑篇

第3章
捕获精彩视频

▶ **本章导读：** ◀

在编辑影片前，首先需要捕获视频素材。将捕获工具与计算机进行正确连接，以确保能够成功地捕获到高质量的视频素材，进行影片的编辑工作。本章我们将学习捕获素材前的准备和对捕获进行的一些必要工作。

▶ **效果欣赏：** ◀

3.1 | 1394 卡的安装与设置

在捕获视频前，首先需要将 IEEE1394 卡与电脑进行连接，然后再用 DV 进行捕获工作。

3.1.1 选购 1394 卡

IEEE1394 卡简称 1394 卡，是一种用于采集视频信息的外部设备。它是把输入的模拟信号，通过内置的芯片提供的采集捕获功能转换成数字信号。

常见的 1394 采集卡可以分为两类：一种是带有硬件 DV 实时编码功能的 DV 卡，另一种是用软件实现压缩编码的 1394 卡。带有硬件 DV 实时编码功能的 DV 卡的价格通常较高，这类卡可以实时地处理一些特技转换，有些还带有 MPEG-2 压缩功能，可大大提高了 DV 视频编辑速度，而软件编码的 1394 卡速度较慢，成本低。

3.1.2 安装 1394 卡

首先要关闭计算机电源，打开计算机机箱。在拆开机箱之前，要注意手上的静电；其次将 1394 采集卡插入到主板上的 PCI 插槽中，注意力度；最后利用螺钉固定板卡（同其他板卡的安装差不多），将视频采集卡固定在机箱上。

3.1.3 设置 1394 卡

1394 卡安装完成后，重新启动计算机，系统将自动查找、安装 1394 卡的驱动程序。如果需要确认 1394 卡的安装情况，可以按照如下的步骤操作：

课堂举例 **012 设置 1394 卡** 视频文件：无

01 在 Windows 操作系统的桌面上右击"我的电脑"图标，在弹出的快捷菜单中选择【属性】命令，如图 3-1 所示。

专家提醒

如果在查看 1394 总线控制器的时候，发现该硬件有错误，则可以鼠标右击设备中的 1394 卡，打开一个快捷菜单，选择其中的【扫描检测硬件改动】命令，使用计算机重新查找硬件，再次安装驱动程序。

02 弹出"系统属性"对话框，在对话框中单击"设备管理器"按钮，如图 3-2 所示。弹出"设备管理器"窗口，在窗口中可以看到一个"IEEE 1394 总线控制器"选项，该选项就是 IEEE 1394 的驱动程序。

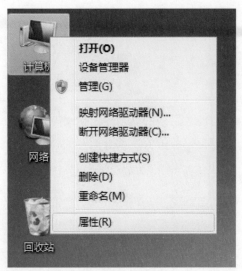

图 3-1 单击【属性】命令

图 3-2 单击"设备管理器"按钮

3.2 从 DV 获取视频

制作影片前，首先需要捕获视频文件，将视频信号转捕获成数字文件，即使不需要进行编辑，捕获成数字文件也是很方便安全的一种保存方式。

3.2.1　设置捕获选项

将 DV 与计算机连接后，进入会声会影 X9 编辑界面，切换到"捕获"步骤面板，单击"捕获视频"按钮，如图 3-3 所示。在展开的面板中，即可设置相应的选项，如来源、格式、捕获文件夹等，如图 3-4 所示。

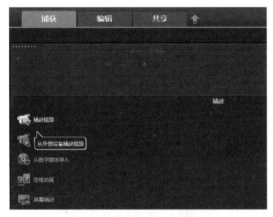

图 3-3　单击"捕获"按钮

图 3-4　设置捕获选项

3.2.2　设置选项面板

单击"捕获视频"按钮，在选项面板中可设置相应的选项，如图 3-4 所示。下面介绍选项面板中各参数的功能及作用。

◆区间：用于指定捕获素材的长度，数字分别代表小时、分、秒、帧。单击数字，当数字处于闪烁状态时，单击三角按钮，即可调整设置的时间。在捕获视频时，区间显示当前捕获视频的时间长度，也可预先指定数值，捕获指定长度的视频。

◆来源：显示检测到的视频捕获设备，也就是 DV 的名称和类型。

◆格式：用于保存捕获的文件格式。单击右侧的三角按钮，弹出列表，用户可以根据需要，来选择需要输出的格式。

◆捕获文件夹：单击"捕获文件夹"右侧的按钮，弹出"浏览文件"对话框，用户可以设置捕获文件的文件夹位置。

◆捕获视频：单击该按钮，可以开始视频捕获的操作。

◆选项：选项包括"捕获选项"和"视频属性"两个选项，选择相应的选项，即可打开捕获驱动程序相关的对话框。

◆抓拍快照：可以将捕获到的视频文件的当前帧作为静态图像进行捕获，并保存到会声会影中。

专家提醒

在设置捕获文件夹时，需要检查磁盘空间，以便有足够的磁盘空间捕获视频文件。

3.2.3 DV 获取视频

在会声会影 X9 编辑器中，将 DV 与计算机相连接，即可进行视频的捕获。下面介绍一下捕获 DV 视频的方法。

课堂举例 013　DV 捕获视频　　　　　　　　　视频文件: 无

01 将 DV 与计算机连接，单击"捕获"按钮，切换至捕获步骤面板，单击面板中的"捕获视频"按钮，如图 3-5 所示。

图 3-5 单击"捕获视频"按钮

02 进入捕获界面，单击"捕获文件夹"按钮，如图 3-6 所示。

图 3-6 单击"捕获文件夹"按钮

03 弹出"浏览文件夹"对话框，选择需要保存的文件夹的位置，如图 3-7 所示。

图 3-7 选择保存文件夹的位置

04 单击"确定"按钮，即可在选项面板面板中显示相应路径；单击选项面板中的"捕获视频"按钮，开始捕获视频，如图 3-8 所示。

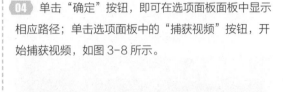

图 3-8 捕获视频

05 捕获至合适位置后，单击"停止捕获"按钮，如图 3-9 所示，捕获完成的视频文件即可保存到素材库中。

图 3-9 停止捕获

06 切换至编辑步骤，在时间轴中即可对刚刚捕获到的视频进行编辑，如图 3-10 所示。

图 3-10 视频编辑

3.3 从 DV 中获取静态图像

会声会影 X9 不仅可以获取视频文件，还可以获取静态图像，也就是把视频当中的某一帧图像捕获成静态图像。

3.3.1 设置捕获参数

使用会声会影进行素材捕获时，系统默认是捕获视频素材，在捕获静态图像前，首先需要进入会声会影对捕获参数进行设置，然后才能捕获到静态图像。

课堂举例　014　设置捕获参数　　视频文件: 无

01 执行【设置】|【参数选择】命令，弹出"参数选择"对话框，选择"捕获"选项卡，如图 3-11 所示。

02 在捕获格式右侧单击三角按钮，在弹出的下拉列表中选择 JPEG 选项，如图 3-12 所示。设置完成后，单击"确定"按钮，即可完成捕获图像参数的设置。

图 3-11 选择"捕获"选项卡

图 3-12 选择捕获格式

3.3.2 获取视频画面

打开一段视频素材，用户可以将需要的视频捕获到会声会影中。捕获视频前，首先需要找到起始的位置，用户可以通过预览窗口播放视频来确定视频起始位置。

课堂举例　015　获取捕获画面　　视频文件: 无

01 将DV与计算机连接,进入会声会影X9编辑器后,切换至"捕获"步骤面板,单击导览面板中的"播放"按钮,如图3-13所示。

02 播放至合适位置后,单击导览面板中的"暂停"按钮,找到需要捕获的画面,如图3-14所示。

图3-13 播放视频

图3-14 暂停视频

3.3.3 捕获静态图像

需要在视频素材中捕获静态图像,则需要抓拍视频中的某一个镜头。找到所需要的画面后,在会声会影中使用"抓怕快照"功能即可捕获静态图像。

课堂举例 016 捕获静态图像 视频文件:无

01 在选项面板中,单击"捕获文件夹"按钮,如图3-15所示。

02 在弹出的"浏览文件夹"对话框中,选择其保存位置,如图3-16所示。

图3-15 单击"捕获文件夹"按钮

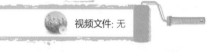

图3-16 选择保存位置

03 单击"确定"按钮,在选项面板中单击"抓拍快照"按钮,如图3-17所示,进行捕获静态图像。

04 捕获静态图像完成后,会自动显示在时间轴中,如图3-18所示。

图3-17 单击"抓拍快照"按钮

图3-18 显示在时间轴中

3.4 | 从数字媒体导入视频

从数字媒体导入视频是指从视频光盘或内存 / 光盘摄像机中导入视频素材。将光盘放入光驱后，即可从该光盘内导出视频素材用于编辑。

课堂举例　017　从数字媒体导入视频 视频文件: DVD\ 视频 \ 第 3 章 \3.4.MP4

01 打开会声会影 X9，切换至"捕获"步骤面板，单击"从数字媒体导入"按钮，如图 3-19 所示。

图 3-19 单击"从数字媒体导入"按钮

02 弹出"选取'导入源文件夹'"对话框，如图 3-20 所示。

图 3-20 "选取'导入源文件夹'"对话框

03 勾选需要导入的数字媒体文件复选框，如图 3-21 所示。单击"确定"按钮。

图 3-21 勾选文件复选框

04 弹出"从数字媒体导入"对话框，单击"起始"按钮，如图 3-22 所示。

图 3-22 单击"起始"按钮

05 在"从数字媒体导入"对话框中，勾选需要导入的文件，并设置保存位置，如图 3-23 所示。

图 3-23 勾选需要导入的文件

06 单击"开始导入"按钮，显示渲染进度，如图 3-24 所示。

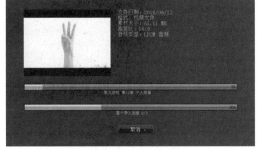

图 3-24 显示导入进度

07 渲染成功后,弹出"导入设置"对话框,如图 3-25 所示。

08 单击"确定"按钮,导入的视频文件将自动保存到素材库中,如图 3-26 所示。

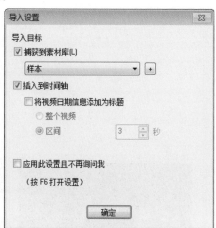

图 3-25 "导入设置"对话框

图 3-26 自动导入到素材库中

专家提醒

在设置保存的文件夹中,也可以找到导入的视频文件。

3.5 从硬盘摄像机导入视频

在会声会影 X9 中,可以直接从硬盘摄像机中导入拍摄的视频文件或照片素材,导出后的素材可以重新编辑和使用。

课堂举例 **018** 从硬盘摄像机导入视频　　　　　　　　视频文件: 无

01 通过 USB 连接线将硬盘摄像机与计算机进行连接。进入会声会影 X9 操作界面,执行【文件】|【将媒体文件插入到时间轴】|【插入数字媒体】命令,如图 3-27 所示。

02 弹出"选取'导入源文件夹'"对话框,选择视频文件位置,并单击"确定"按钮,如图 3-28 所示。

图 3-27 单击【插入数字媒体】命令

图 3-28 选择导入硬盘文件

03 弹出"从数字媒体导入"对话框,单击"起始"按钮, 如图 3-29 所示。

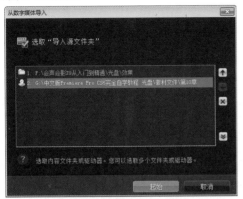

图 3-29 单击"起始"按钮

04 在"从数字媒体导入"对话框中,选择需要导入的视频,设置需要保存的路径,单击"开始导入"按钮, 如图 3-30 所示。

图 3-30 单击"开始导入"按钮

05 弹出窗口,显示视频文件的信息及视频导入进度, 如图 3-31 所示。

图 3-31 显示导入进度

06 视频素材导入完成后,在时间轴中就会显示视频素材,如图 3-32 所示。

图 3-32 在时间轴中显示视频文件

🎬 **专家提醒**

Sony 硬盘摄像机的视频文件格式为 MPEG-2,JVC 硬盘摄像机的视频格式为 MOD。

3.6 屏幕捕获视频

屏幕捕获在会声会影 X9 中为一个单独的程序,可以直接将屏幕中的画面或者动作捕获下来。会声会影 X9 中的屏幕捕获功能可以同时录制系统与麦克风的声音。

课堂举例 019 屏幕捕获视频

 视频文件:DVD\视频\第3章\3.6.MP4

01 进入会声会影 X9 编辑器,单击"捕获"按钮, 在捕获面板中单击"屏幕捕获"按钮,如图 3-33 所示。

图 3-33 单击"屏幕捕获"按钮

02 弹出"屏幕捕获"窗口,如图 3-34 所示。

图 3-34 屏幕捕获窗口

03 将鼠标放在捕获框的四周，手动拖动捕获窗口的大小，如图 3-35 所示。

04 鼠标选中边框中心点，拖动并调整捕获窗口的位置，如图 3-36 所示。

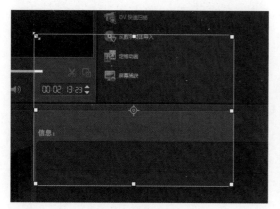

图 3-35 调整捕获窗口的大小

图 3-36 调整捕获窗口的位置

05 单击"设置"右侧的下三角按钮查看更多设置，如图 3-37 所示。

06 在"文件设置"选项组中设置文件名称及文件保存路径，如图 3-38 所示。

图 3-37 查看更多设置

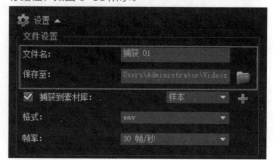

图 3-38 文件设置

07 在"音频设置"选项组中单击"声效检查"按钮，如图 3-39 所示。

08 在弹出的对话框中单击"记录"按钮，如图 3-40 所示。

图 3-39 单击"声效检查"按钮

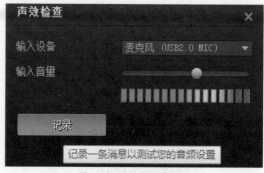

图 3-40 单击"记录"按钮

09 对麦克风试音，单击"停止"按钮可以停止，如图 3-41 所示。

10 当默认的 10 秒音量输入时间过后，音频开始播放，如图 3-42 所示。

图 3-41　单击"停止"按钮

图 3-42　音频播放

11　单击 Esc 键停止音频播放，关闭"声效检查"窗口，然后单击"开始录制"按钮，如图 3-43 所示。

12　界面出现 3 秒倒计时及快捷键停止 / 暂停操作的提示窗口，即可开始录制视频，如图 3-44 所示。

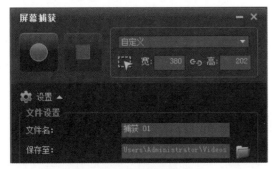

图 3-43　单击"开始录制"按钮

图 3-44　提示窗口

第4章
素材的编辑与调整

▶本章导读:◀

　　会声会影 X9 拥有丰富而强大的视频编辑功能，可以对素材进行修剪、编辑、调整顺序以及保存等操作。本章学习编辑器的界面以及视频素材的编辑方法，通过学习，用户可以根据自己的需要来完成影片的制作。

▶效果欣赏:◀

4.1 素材库的管理

在"编辑"步骤中,最基本的操作是添加新的素材。除了从摄像机直接捕获视频外,在会声会影X9中还可以将存储在计算机中的视频素材、图像、色彩素材或者Flash动画添加到项目文件中,添加的素材通常保存在素材库中。

4.1.1 查看素材库

素材库中存储了制作影片所需的全部内容:视频素材、照片、音频、转场、标题、图形素材和路径,如图4-1所示。

选择素材库面板中的媒体选项,素材库即显示对应的媒体素材。例如在右侧单击"隐藏照片"按钮,将隐藏素材库中的照片素材,如果再次单击,将重新显示照片素材,如图4-2所示。

拖动素材库右上角的滑块,可以增大或减少素材缩览图的大小,以方便预览素材的内容。

图4-1 素材库文件

图4-2 显示照片素材

4.1.2 添加媒体文件

将硬盘上已经保存的需要经常使用的视频、照片和音频添加到素材库中,这样就可以方便地添加到媒体素材列表中或者对它们进行整理。

课堂举例 020 添加媒体文件 视频文件: DVD\视频\第4章\4.1.2.MP4

01 单击"导入媒体文件"按钮,在弹出的"浏览媒体文件"对话框中选择所需要使用的媒体文件,如图4-3所示。

02 单击"打开"按钮,将媒体素材导入到素材库中,如图4-4所示。

图4-3 选择视频文件

图4-4 添加媒体文件到素材库中

专家提醒

按住 Shift 键或 Ctrl 键，可以一次性选取并添加多个素材文件。

4.1.3 添加色彩素材

色彩素材就是单色的背景，通常用于标题和转场之中，例如，使用黑色素材来产生进入黑场的效果。这种方式适合使用于处理片段或影片结束的位置。

在会声会影中，通常是从图形素材库中添加色彩素材，但是素材库中的色彩素材颜色有限，这时用户就可以自定义色彩素材。

课堂举例 021 添加色彩素材 视频文件: DVD\ 视频 \ 第 4 章 \4.1.3.MP4

01 进入会声会影 X9 编辑界面，单击素材库面板上的"图形"按钮，切换到"图形"素材库，在画廊下选择"色彩"类别，进入"色彩"色彩库。单击素材库上方的"添加"按钮，如图 4-5 所示。

02 弹出"新建色彩素材"对话框，如图 4-6 所示。

图 4-5 单击"添加"按钮

图 4-6 "新建色彩素材"对话框

03 在对话框中，输入 R:51、G:228、B:225，如图 4-7 所示。

04 单击"确定"按钮，新定义的颜色将被添加到素材库中，如图 4-8 所示。

图 4-7 输入色值

图 4-8 显示新建色彩素材

专家提醒

可以直接在色彩选取器中选择任意颜色，单击"确定"按钮即可。

4.1.4 删除素材库

当素材库中的添加的素材过多时，不仅不方便使用，还会造成程序运行缓慢等问题。当素材库中的素材过多或者不需要时，可以进行删除操作。

课堂举例 022 删除素材文件 视频文件: DVD\视频\第4章\4.1.4.MP4

01 在"素材库"中选择用户要删除的素材，单击鼠标右键，在弹出的快捷菜单中执行【删除】命令，如图4-9所示。

02 在弹出的对话框中提示"您要删除此略图吗？"时，单击"是"按钮，如图4-10所示。用户需要删除的素材就已经被删除，素材库中不再显示该素材。

图4-9 选择要删除的素材

图4-10 单击"是"按钮

4.1.5 重置素材库

如果用户不小心删除了会声会影素材库中自带的素材文件，又需要将其找回时，可以选择重置库进行恢复素材库。

课堂举例 023 重置素材库 视频文件: DVD\视频\第4章\4.1.5.MP4

01 在菜单栏中执行【设置】|【素材库管理器】|【重置库】命令，如图4-11所示。

02 在弹出的对话框中会提示用户"确定要重置您的媒体库吗？"，如图4-12所示。

图4-11 【重置库】命令

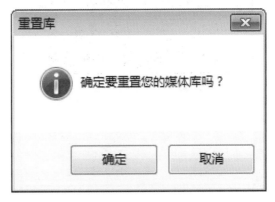
图4-12 提示对话框

03 单击"确定"按钮，弹出"媒体库已重置"提示信息，如图 4-13 所示。单击"确定"按钮，媒体库就恢复到默认的状态。

图 4-13 提示对话框

4.1.6 素材库的排序

当素材库的素材数量过多时，可通过排序操作进行管理，以方便对素材的选择。素材库有按名称排序、按类型排序、按日期排序等 10 种排序方法。

课堂举例 024 素材库的排序　　视频文件: DVD\ 视频 \ 第 4 章 \4.1.6.MP4

01 单击"对素材库中的素材排序"按钮，在菜单中选择【按名称排序】命令，如图 4-14 所示。

02 媒体素材就会按照名称进行排列，如图 4-15 所示。此外，用户还可以选择按类型或按日期进行排序。

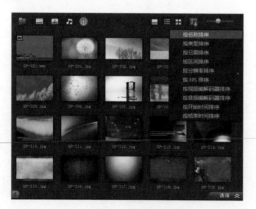

图 4-14 选择【按名称排序】命令

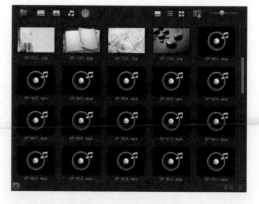

图 4-15 按照名称进行排列后

4.1.7 显示视图

如果用户不小心删除了会声会影素材库中自带的素材文件，又需要将其找回时，可以选择重置库进行恢复素材库。

课堂举例 025 显示视图　　视频文件: DVD\ 视频 \ 第 4 章 \4.1.7.MP4

会声会影 X9 的素材库包含了列表视图和缩略图视图。

01 默认为缩略图视图,如图 4-16 所示。缩略图视图显示了素材的缩略图及标题。

02 单击"隐藏标题"按钮可隐藏标题,如图 4-17 所示。

图 4-16 缩略图视图

图 4-17 隐藏标题

03 单击"列表视图"按钮后素材库中的媒体文件以列表排列,并显示名称、类型、日期、区间、分辨率等多个信息,如图 4-18 所示。

图 4-18 列表视图

4.1.8 素材标记

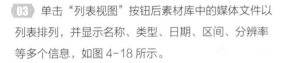

素材标记是会声会影 X9 的新增功能。在素材库选择素材并拖到时间轴后,该素材上则会显示绿色的勾选标记,如图 4-19 所示。该功能可以快速辨别素材库至的已用素材与未用素材。

图 4-19 标记

4.2 插入素材到时间轴

将素材添加到时间轴是视频编辑的第一步方法有很多种,下面进行具体介绍。

4.2.1 从素材库添加

前面讲到了将素材添加到素材库中,这里将介绍在素材库至添加素材到时间轴中。

课堂举例 026 从素材库添加 视频文件: DVD\ 视频 \ 第 4 章 \4.2.1.MP4

01 选择素材库中的素材,拖动到时间轴的任意轨道上,释放鼠标即可,如图 4-20 所示。

02 或者,选择素材库中的素材,单击鼠标右键,执行【插入到】命令,在选项列表中选择需要插入的轨道,如图 4-21 所示。

图 4-20 添加素材

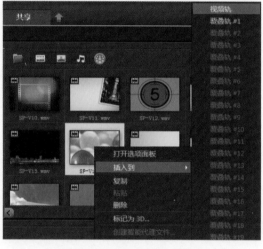

图 4-21 执行【插入到】命令

4.2.2 从外部添加

不需将素材导入到素材库中,也可以直接从计算机中将文件拖入到时间轴中。或者,在时间轴中单击鼠标右键,在打开的快捷菜单至选择相应的命令,如图 4-22 所示。弹出对话框,如图 4-23 所示,选择素材,单击"打开"按钮即可。

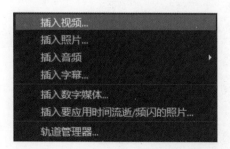

图 4-22 单击鼠标右键

图 4-23 对话框

4.2.3　菜单添加

第三种方法是执行【文件】|【将媒体文件插入到时间轴】命令，在弹出的列表中选择相应的命令，如图4-24所示。

图4-24　执行【文件】|【将媒体文件插入到时间轴】命令

4.3 | 视频剪辑技巧

调整视频的区间、速度及视频的剪辑、修整、分割与变频调速都是视频剪辑的技巧。

4.3.1　调整视频区间

区间是指照片、视频等素材播放的时间。调整视频素材的区间可以改变视频的播放时间，从而控制整个视频的效果。

效果展示

课堂举例　027　青春年华　　　视频文件：DVD\视频\第4章\4.3.1.MP4

01　在文件夹中选择视频素材，拖入到视频轨中，如图4-25所示。

02　单击"选项"按钮，打开选项面板，将鼠标指针移置在"视频区间"数值框上，单击鼠标左键，进入编辑状态，如图4-26所示。

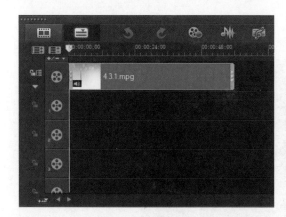

图 4-25 拖入到视频轨中

图 4-26 编辑区间

03 输入数值为 00:00:30:00，按 Enter 键进行确定，完成操作后，即可调整视频素材区间，如图 4-27 所示。

04 单击导览面板中的"播放"按钮，即可预览调整区间后的视频效果，如图 4-28 所示。

图 4-27 设置完后的效果

图 4-28 调整区间后的视频效果

4.3.2 反转视频

用户在剪辑影片时，有时需要视频倒放的效果。在会声会影 X9 中，反转功能可以将视频进行倒序播放，同时音频也会进行倒序播放，让视频趣味十足。

效果展示

课堂举例 **028** **乐趣生活** 视频文件: DVD\ 视频 \ 第 4 章 \4.3.2.MP4

01 进入会声会影 X9，添加视频素材"乐趣生活.mpg"到视频轨中，然后单击导览面板中的"播放"按钮，查看原始素材效果，如图 4-29 所示。

图 4-29 预览视频文件

03 在选项面板上勾选"反转视频"复选框，如图 4-31 所示。

04 单击预览窗口下方的"播放"按钮，查看视频素材反转播放的效果。

02 选中视频，单击"选项"按钮，打开选项面板，如图 4-30 所示。

图 4-30 打开选项面板

图 4-31 勾选"反转视频"选项

4.3.3 调整白平衡

当天气不佳，或受光线、场地等影响，拍摄的视频颜色出现偏色时，在会声会影中可以使用白平衡调整素材的色彩，快捷地完成素材的色彩校正操作。

效果展示

课堂举例 **029** **面朝大海** 视频文件: DVD\ 视频 \ 第 4 章 \4.3.3.MP4

01 进入会声会影 X9 操作界面,在视频轨中添加视频素材"面朝大海.mpg",如图 4-32 所示。

02 进入选项面板,单击"色彩校正"按钮,如图 4-33 所示。

图 4-32 添加视频素材

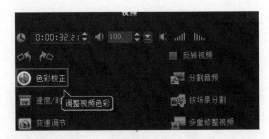

图 4-33 单击"色彩校正"按钮

03 勾选面板上的"白平衡"复选框,程序自动校正白平衡,如图 4-34 所示。

图 4-34 自动校正白平衡

04 如果觉得效果不满意,按下"选取色彩"按钮,在预览窗口内吸取颜色,使程序以此为标准进行白平衡校正,如图 4-35 所示。

图 4-35 选取色彩

4.3.4 调整播放速度

拍摄视频后,在会声会影编辑影片的过程中,用户可以根据自己的需要对视频进行加快播放速度或放慢播放速度的调整,以达到自己想要的视频效果。

效果展示

课堂举例 030 城市上空

 视频文件: DVD\ 视频 \ 第 4 章 \4.3.4.MP4

01 进入会声会影 X9 编辑界面，在视频中添加视频素材"城市上空 .mpg"，如图 4-36 所示。

图 4-36 添加视频素材

03 弹出"速度 / 时间流逝"对话框，拖动"速度"标尺上的滑块调整到 305%，如图 4-38 所示。

图 4-38 拖动速度标尺上的滑块

02 选中视频，单击"选项"按钮，打开选项面板，在"选项"面板上单击"速度 / 时间流逝"按钮，如图 4-37 所示。

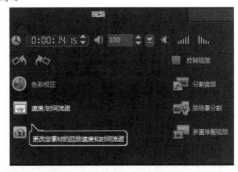

图 4-37 单击"速度 / 时间流逝"按钮

04 调整好视频的播放速度后，单击"确定"按钮，返回会声会影编辑界面中，通过视频面板中的时间码，就可以看到调整播放速度后的视频长度，如图 4-39 所示。

图 4-39 显示调整视频后的时间

4.3.5 视频剪辑

通过导览面板可以设置视频文件开始和结束的位置，也可以将一段视频剪切为若干个小片段。在前面的章节中已经讲解了导览面板中的一些功能，下面直接介绍在导览面板中剪辑素材的方法。

效果展示

1. 设置素材的预览范围

在会声会影的导览面板中可以设置素材的预览范围。

课堂 举例 **031 开心游玩** 视频文件: DVD\ 视频 \ 第 4 章 \4.3.5.1.MP4

01 在会声会影 X9 视频轨中添加视频素材"游玩"，如图 4-40 所示。

02 将光标指向导览面板中的"修整标记"，如图 4-41 所示。

图 4-40 导入素材文件

图 4-41 光标变成"修整标记"

03 当光标变成修整标记时，向右拖动鼠标，拖动至要设置的起始位置时释放鼠标，如图 4-42 所示。

04 同上方法，设置好素材的结束位置后，就完成了在导览面板中的剪辑，单击"播放"按钮，将修整后的视频进行预览，如图 4-43 所示。

图 4-42 设置开始位置

图 4-43 设置结束位置

专家提醒

将素材文件修整后若想恢复为原始状态，则只需要把修整标记拖回原来的开始或结束处，即可将修剪后的视频恢复为原始状态。

2. 素材分割为多个片段

当需要将视频文件分割为多个片段时，只需在确定好剪辑的位置后，使用剪辑按钮完成操作，即可根据需要分割成多个片段。

课堂举例 **032** 游乐园　视频文件: DVD\ 视频 \ 第 4 章 \4.3.5.2.MP4

01 导入素材文件后，拖动预览窗口下方的滑轨，将其移动到需要剪辑的位置，如 4-44 所示。

02 设置好位置后，单击"剪辑"按钮即可进行剪辑，如图 4-45 所示。

图 4-44 设置开始剪辑位置

图 4-45 剪辑素材

03 剪辑完成后，视频分割为两段，通过时间轴可以看到分割后的效果，如图 4-46 所示。

04 单击时间轴中的第二段视频，然后再次拖动滑轨，将其移动到需要剪辑的位置，如图 4-47 所示。

图 4-46 显示剪辑效果

图 4-47 设置开始剪辑位置

05 设置好位置后，单击"剪辑"按钮即可进行编辑，如图 4-48 所示。

06 一个视频文件即分割为 3 个片段。用户可根据自己的需要将视频分割为不同的片段，如图 4-49 所示。

图 4-48 剪辑素材

图 4-49 显示剪辑的效果

4.3.6 多重修整

将视频文件插入到媒体素材后，为了使影片的内容更加紧凑，可以对素材的片段进行提取、排序等简单编辑的操作。

提取素材的片段即对素材进行修整，将素材中不需要的片段剔除，只保留需要的部分，修整素材的功能只针对视频文件。

课堂举例 033 大海 视频文件: DVD\视频\第4章\4.3.6.MP4

01 将音频素材插入到视频轨中，单击"选项"按钮，如图 4-50 所示。

02 在选项面板中单击"多重修整视频"按钮，如图 4-51 所示。

图 4-50 单击"选项"按钮

图 4-51 单击"多重修整视频"按钮

03 弹出"多重修整视频"对话框，在对话框中单击"设置标记开始时间"按钮，如图 4-52 所示，确定视频的起始点。

04 单击预览窗口下方中的"播放"按钮，对视频进行播放。至需要保留的大概位置时，单击"暂停"按钮，停止视频播放，如图 4-53 所示。

图 4-52 设置标记开始时间

图 4-53 单击"暂停"按钮

05 停止素材播放后，单击"转到上一帧"或"转到下一帧"按钮来精确调整视频的位置。调整完成后，单击"设置结束标记时间"按钮，如图 4-54 所示。

06 此时选定的区间即可显示在对话框下方的列表中，完成标记第一个修整片段起点和终点的操作，如图 4-55 所示。单击"确定"按钮。返回会声会影 X9 操作程序，单击"播放"按钮，即可预览效果。

图 4-54 设置标记退出时间

图 4-55 完成标记起点到终点设置

4.3.7 场景分割

场景是指拍摄视频的场地，通常一个完整的影片是由多个场景组成的。分割是指以视频文件中的不同场景为单位，将它们自动分割成单个场景的视频文件。

课堂举例 **034 旅游风光** 视频文件: DVD\视频\第 4 章\4.3.7.MP4

01 进入会声会影 X9 编辑界面，在视频轨中添加视频素材"4.3.7.mpg"，如图 4-56 所示。

02 选中视频，单击"选项"按钮，打开选项面板，单击"按场景分割"按钮，如图 4-57 所示。

图 4-56 添加视频素材

图 4-57 单击"按场景分割"按钮

03 在弹出的"场景"对话框中，勾选"将场景作为多个素材打开到时间轴"选项，如图 4-58 所示。

04 单击"选项"按钮，弹出"场景扫描敏感度"对话框，拖动"敏感度"标尺上的滑块，敏感度数值越高，场景检测越精确。设置完成后，单击"确定"按钮，如图 4-59 所示。

图 4-58 勾选选项

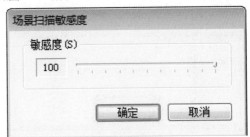

图 4-59 调整敏感度

05 返回到"场景"对话框中，单击"扫描"按钮，程序开始执行扫描操作。场景扫描结束后，在"检测到的场景"列表框中显示分割的片段，单击"确定"按钮，如图 4-60 所示。

06 返回到会声会影 X9 编辑界面中，在时间轴中就可以看到分割后的视频片段的缩略图，如图 4-61 所示。

图 4-60 单击"确定"按钮

图 4-61 显示分割后视频片段

4.3.8 变速

与调整播放速度不同的是变速功能可以实时地调节视频各时段的播放速度，可以时快时慢，时慢时快，制作想要的视频效果。

课堂举例 035 出海　　视频文件：DVD\视频\第 4 章\4.3.8.MP4

01 在会声会影视频轨中添加视频素材"4.3.8.mpg"，如图 4-62 所示。

02 单击"选项"按钮，进入选项面板，单击"变速调节"按钮，如图 4-63 所示。

图 4-62 添加素材

图 4-63 单击"变速调节"按钮

03 弹出"变速"对话框，如图 4-64 所示。

04 将滑块拖至 1 秒处，单击"添加关键帧"按钮，设置"速度"参数为 300，如图 4-65 所示。

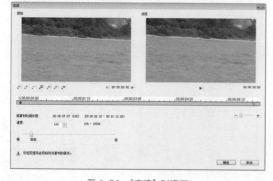

图 4-64 "变速"对话框

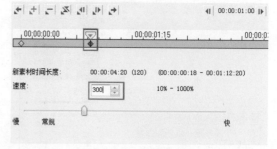

图 4-65 设置关键帧速度

05 将滑块拖至 5 秒处，添加关键帧并设置速度为 600，如图 4-66 所示。

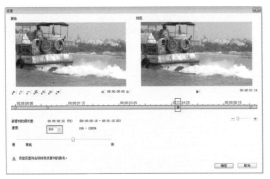

图 4-66 设置速度

06 单击"确定"按钮完成设置，在预览窗口中预览视频效果，如图 4-67 所示。

图 4-67 预览效果

4.3.9 视频定格

视频定格是会声会影 X9 的新增功能，该功能可以将精彩的瞬间定格。

课堂举例 **036** 视频定格　　　　视频文件：DVD\视频\第 4 章\4.3.9.MP4

01 在会声会影视频轨中添加视频素材，如图 4-68 所示。

图 4-68 添加素材

02 选择素材，将滑块移动至需要定格的位置，单击鼠标右键，执行【停帧】命令，如图 4-69 所示。

图 4-69 执行【停帧】命令

03 弹出对话框，设置定格的时长，如图 4-70 所示。

图 4-70 设置定格的时长

04 单击"确定"按钮后，视频轨中的原素材被分割为三部分，中间部分为设置定格的区域，如图 4-71 所示。

图 4-71 定格区域

4.4 编辑照片素材

对照片素材进行区间调整、调整素材顺序、色彩校正、变形等操作，可以使编辑的照片更理想化。

4.4.1 重新链接素材

保存影片后，由于素材的名称、位置的修改会导致再次打开项目时无法识别素材，而需要重新链接。

课堂举例	037	重新链接素材	视频文件: DVD\视频\第4章\4.4.1.MP4

01 移动或重命名素材后，回到会声会影中，弹出提示对话框，提示原始文件不存在，如图4-72所示。

02 此时的时间轴的素材如图4-73所示。

图 4-72 提示对话框

图 4-73 时间轴的素材

03 单击"重新链接"按钮，在弹出的对话框中选择素材，单击"打开"按钮，如图4-74所示。

04 弹出提示对话框，提示所有素材已被成功地重新链接，单击"确定"按钮即可，如图4-75所示。

图 4-74 选择素材

图 4-75 单击"确定"按钮

05 此时的时间轴中素材被重新链接，如图4-76所示。

图4-76 重新链接

4.4.2 开启重新链接

若取消"重新链接检查"复选框不再弹出"重新链接"对话框，则需要该对话框时也可以设置开启。

课堂举例 038 开启重新链接 视频文件:DVD\视频\第4章\4.4.2.MP4

01 执行【设置】|【参数选择】命令，如图4-77所示。

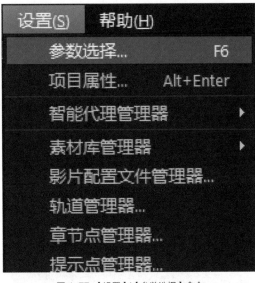

图4-77 【设置】|【参数选择】命令

02 在弹出的对话框中勾选"重新链接检查"复选框，如图4-78所示。单击"确定"按钮即可。

图4-78 勾选"重新链接检查"复选框

4.4.3 默认照片区间

设置默认区间是在插入素材之前设置图像素材的默认播放时间。在会声会影中，添加照片素材后，默认区间为3秒，用户可以对默认区间进行修改。

课堂举例 039 美食达人 视频文件:DVD\视频\第4章\4.4.3.MP4

效果展示

01 单击菜单栏上的【设置】菜单，执行【参数选择】命令，如图 4-79 所示。

02 弹出"参数选择"对话框，选择"编辑"选项卡，此时的"默认照片/色彩区间"为 3 秒，如图 4-80 所示。

图 4-79 单击"参数选择"选项

图 4-80 "参数选择"对话框

03 设置"默认照片/色彩区间"为 6 秒，如图 4-81 所示。

04 单击"确定"按钮，在故事板视图中添加图像素材，图像下方显示了自定义的照片区间为 6 秒，如图 4-82 所示。

图 4-81 修改持续播放时间

图 4-82 显示修改效果

4.4.4　调整素材区间

设置默认区间是在插入素材之前设置图像素材的默认播放时间。在会声会影中，添加照片素材后，默认区间为3秒，用户可以对默认区间进行修改。

课堂举例　**040**　创意鸡蛋　　　　　　视频文件:DVD\视频\第4章\4.4.4.MP4

效果展示

01　在会声会影故事板视图中添加图像素材，如图4-83所示。选中需要调整的素材。

02　打开选项面板。可在"区间"中查看当前素材的持续播放时间，如图4-84所示。

图4-83　添加图像素材

图4-84　查看持续播放时间

03　在需要修改的时间上单击，使它处于闪烁状态，然后输入0：00：05：00，如图4-85所示。

04　设置完成后按Enter键，即可以调整素材的区间，如图4-86所示。

图4-85　修改持续播放时间

图4-86　显示修改后的播放时间

技巧点拨

选择素材图像后，单击鼠标右键，在弹出的快捷菜单中选择【更改照片区间】选项，在弹出的对话框中修改时间，可快速调整素材的播放时间。

4.4.5 批量调整播放时间

在制作电子相册时，常常会在时间轴上添加大量的图片素材，单独调整每张图片的播放时间效率很低，所以需要用批量调整播放时间功能，这样就可以方便快捷地调整播放时间。

课堂举例 041 美味水果

视频文件: DVD\视频\第 4 章\4.4.5.MP4

效果展示

01 在会声会影故事板视图中添加多张图像素材，按住 Ctrl 键，单击鼠标选中要调整的多个素材，如图 4-87 所示。

02 在任意一张图片上单击鼠标右键，在弹出的快捷菜单中执行【更改照片区间】命令，如图 4-88 所示。

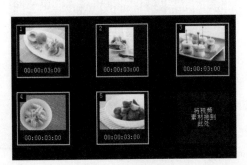

图 4-87 选择素材图像

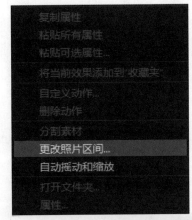

图 4-88 选择【更改照片区间】命令

03 在弹出的"区间"对话框中，修改时间为 6 秒，如图 4-89 所示。

04 修改完成后单击"确定"按钮，在缩略图下方看到素材区间被修改，如图 4-90 所示。

图 4-89 修改区间

图 4-90 显示修改区间效果

4.4.6 素材显示方式

在会声会影中，素材的显示方式包括以"略图""文件名""略图和文件名"三种。修整素材前，用户可以根据自己的需要将素材以不同的方式显示，方便查看和修整。

 042 少女写真

 视频文件: DVD\视频\第4章\4.4.6.MP4

01 在故事板中单击鼠标右键，在弹出的快捷菜单中选择【插入照片】命令，插入多张素材，如图4-91所示。

02 单击故事板上方的"时间轴视图"按钮，切换至时间轴视图，如图4-92所示。

图4-91 插入照片

图4-92 时间轴视图

03 执行【设置】|【参数选择】命令，弹出"参数选择"对话框，单击"素材显示模式"右侧的下三角按钮，在弹出的下拉列表框中选择"仅略图"选项，如图4-93所示。

04 单击"确定"按钮，在时间轴中即可显示图像的略图，如图4-94所示。单击导览面板中的"播放"按钮，预览视频效果。

图4-93 "参数选择"对话框

图4-94 显示图像的略图

4.4.7 复制素材

在时间轴中选择素材，按 Ctrl+C 组合键，或单击鼠标右键执行【复制】命令，如图 4-95 所示。此时的光标形状如图 4-96 所示。在合适的位置单击鼠标即可将复制的素材粘贴到该位置，如图 4-97 所示。

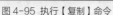

图 4-95 执行【复制】命令

图 4-96 光标形状

图 4-97 粘贴素材

4.4.8 调整素材顺序

插入到会声会影时间轴中的素材的顺序会影响到视频的最终播放顺序。在会声会影中编辑素材图像时，用户可根据需要调整素材的显示顺序。

课堂举例　**043**　**梦幻童年**　　视频文件:DVD\视频\第 4 章\4.4.8.MP4

效果展示

01 在故事板中插入张素材图片，选择需要移动的素材，按住鼠标左键并拖曳至第 1 幅素材的前面。此时鼠标指针呈箭头形状，拖动的位置处将会显示一条竖线，表示素材将要放置的位置，如图 4-98 所示。

02 释放鼠标左键，选中的素材将会放置于鼠标释放的位置处，如图 4-99 所示。移动素材后，单击导览面板中的"播放"按钮，预览视频效果。

图 4-98 移动素材位置

图 4-99 鼠标释放的位置

4.4.9　素材色彩校正

当素材文件的颜色不正时，则需要对其进行调整。会声会影 X9 提供了专业的色彩校正功能，可以轻松地针对过暗、偏黄等影片进行校正，也能够将影片调成具有艺术效果的色彩。

在会声会影中选择需要的素材，进入"选项"面板，单击"色彩校正"按钮，如图4-100所示。弹出如图4-101所示的选项面板，面板中各区域的作用见表 4-1。

图 4-100　单击"色彩校正"按钮

图 4-101　色彩选项面板

表 4-1　"色彩校正"面板功能及作用

名称	功能及作用
自动计算白点 ◢ 自动	用于自动计算合适的白点
选取色彩 ✐	用于在图像中手动选择白点。单击该按钮后，指针变成吸管形状，单击预览窗口中相应位置，就可以选取图片的颜色
温度数值框 N/A ⬍ ⬍	用于指定光源的温度，以开始温标（K）为单位，单击各个按钮，🌑☁☀🌥🌑 分别表示钨光、荧光、日光、阴影、阴暗 5 种模式
自动调整色调	勾选该复选框，用于自动调整色调，包括最亮、较亮、一般、较暗、最暗 5 个选项
调整色彩区域	用于调整素材的色调、饱和度、亮度、对比度、Gamma 的数值
重置为默认按钮 🔄	对素材的色调、饱和对等参数进行设置后，单击按钮即可将参数设置为默认

下面对部分功能的作用进行简单介绍：

1. 色调

调整画面的颜色。在调整的过程中，会根据色环做改变，如图 4-102 所示。

图 4-102　调整色调改变画面颜色

2. 饱和度

调整视频的色彩浓度。向左拖动滑块色彩浓度降低，向右拖动滑块色彩变得鲜艳，如图 4-103 所示。

图 4-103 调整饱和度改变画面色彩浓度

3. 亮度

调整图像的明暗。向左拖动滑块画面变暗，向右拖动滑块画面变亮，如图 4-104 所示。

图 4-104 调整亮度改变画面明暗程度

4. 对比度

调整图像的明暗对比。向左拖动滑块对对比度减小，向右拖动滑块对比度增强，如图 4-105 所示。

图 4-105 调整对比度改变画面明暗对比

5. Gamma

调整图像明暗平衡，如图 4-106 所示。

图 4-106 调整 Gamma 值改变画面明暗平衡

4.4.10　素材变形操作

在会声会影 X9 视频轨中添加的素材可以任意放大、缩小、倾斜或扭曲，使视频应用变得更加自由。

课堂举例 **044** **生活**　　视频文件: DVD\ 视频 \ 第 4 章 \4.4.10.MP4

01 在会声会影故事板中添加图像素材"牙刷 .jpg"，如图 4-107 所示。

02 打开选项面板，在"属性"选项卡，选中"变形素材"复选框，如图 4-108 所示。

图 4-107 插入图像

图 4-108 勾选"变形素材"复选框

03 此时在预览窗口中的图像将显示控制点，将光标置于控制框四周的黄色控制处，当鼠标指针呈箭头形状时，单击鼠标左键并拖曳，可以不按比例调整素材大小，如图 4-109 所示。

04 将光标置于变换控制框四周的黄色控制处，当鼠标指针呈 箭头形状时，单击鼠标左键并拖曳，可以等比例调整素材大小，如图 4-110 所示。

图 4-109 不按比例调整大小

图 4-110 按比例调整大小

05 将光标置于变换控制框四周的绿色控制处，当鼠标指针呈箭头形状时，单击鼠标左键并拖曳，可以倾斜素材，如图 4-111 所示。

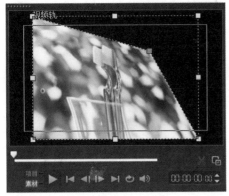

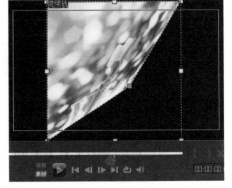

图 4-111 倾斜素材

4.4.11 镜头的摇动和缩放

会声会影 X9 的自动摇动和缩放是快速制作电子相册必不可少的一项功能，它可以模拟摄像机进行运动拍摄，使静止的图片动起来，增强画面的动感，让照片更加生动。

课堂举例 045 创意水果 视频文件：DVD\ 视频 \ 第 4 章 \4.4.11.MP4

效果展示

01 在会声会影 X9 操作界面中，添加图像素材，如图 4-112 所示。单击预览窗口下方的"播放"按钮，查看相片效果，每张相片都是静止状态。

02 选择最后一个素材，进入选项面板，在"照片"选项卡中，单击"摇动和缩放"单选按钮，然后单击"自定义"按钮，如图 4-113 所示。

图 4-112 打开图像素材

图 4-113 选择【自动摇动和缩放】命令

03 进入"摇动和缩放"对话框，在原图窗口中，将光标放置在黄色的节点上，调整定界框的大小，将光标放置在中心的十字控制点上，调整定界框的位置，如图 4-114 所示。

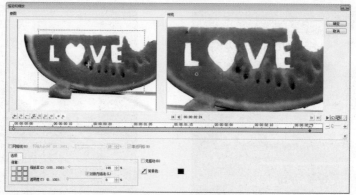

图 4-114 "摇动和缩放"对话框

04 选择最后一个关键帧，调整定界框的大小与位置，如图 4-115 所示。单击"确定"按钮后在预览窗口中可预览效果。

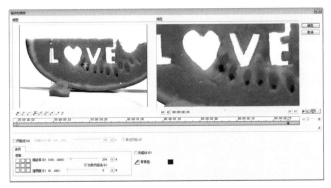

图 4-115　设置最后一个关键帧

4.5 │ 绘图创建器

通过绘图创建器，可以手动制作静态图片或动态视频，做出来的动画或图片可以运用到影片制作中，让用户制作的影片更加生动。

4.5.1　认识绘图创建器

如图 4-116 所示为绘图创建器界面。下面就先来认识一下绘图创建器窗口中各个区域的作用，见表 4-2。

图 4-116　绘图创建器界面

表 4-2　绘图创建器各项功能及作用

名称	功能及作用
笔刷设置	通过拖动两侧的滑块，自定义笔刷的高度和宽度

笔刷面板	在该区域中放置了 11 种笔刷，单击该按钮即可选择相应笔刷
控制按钮	用于控制预览窗口中的相关内容，包括擦除、扩大、缩小、实际大小、预览窗口背景图像的设置
纹理按钮	用于选择纹理并将其应用到所选择的笔刷端
调色板	用于选择并指定所需要色彩的 RGB 值。用户可以从 Windows 色彩选取器或 Corel 色彩选取器中选择和指定色彩，用户也可以通过单击滴管来选取色彩
编辑按钮	用户在录制动画时进行编辑，包括色彩选取工具、擦除模式、撤消和重复
开始按钮	做好准备后，单击该按钮即开始执行动画的录制
所录制项目编辑按钮	录制完项目后，用于所录制文件的编辑操作，包括播放、删除、更改选择的画廊区间
编辑面板	绘图区域，用于录制文件时进行编辑
画廊	用于放置所录制的动画和静态图像
参数选择控制按钮	用于启动"参数选择"对话框
更改模式控制按钮	用于转换所制作文件的模式，包括动画模式和静态模式

4.5.2 使用绘图创建器

使用绘图创建器功能，可以将书法、涂鸦等素材图像的绘制过程记录下来，并能够在会声会影 X9 里使用。我们可以将它当作是画板，不仅能呈现最终效果图，更能展示绘图过程

课堂举例 046 绘制简笔画　视频文件: DVD\视频\第 4 章\4.5.2.MP4

01 进入会声会影 X9 编辑界面后，执行【工具】|【绘图创建器】命令，如图 4-117 所示。

02 弹出"绘图创建器"对话框，在该对话框的上方笔刷类型中，单击"画笔"图标，选择笔刷类型，如图 4-118 所示。

图 4-117 执行命令

图 4-118 选择笔刷类型

03 单击该笔刷右下角的 按钮，设置"笔刷角度"为 99、"柔化边缘"为 20、"透明度"为 20，然后单击"确定"按钮，如图 4-119 所示。

04 返回"绘图创建器"对话框，在该对话框的左上方设置笔刷大小，并可在预览窗口中预览其效果，如图 4-120 所示。

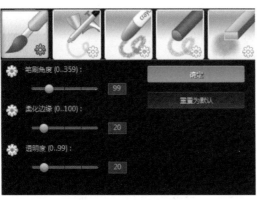

图 4-119 设置笔刷参数

图 4-120 设置笔刷大小

技巧点拨

在设置完笔刷参数后，如果想恢复为默认设置，可以单击该笔刷图标右下角的 按钮，在展开的设置面板中单击"重置为默认"按钮。

05 在颜色面板中通过色彩选取工具，选取笔刷颜色，如图 4-121 所示。

06 在"绘图创建器"对话框中单击"背景图像选项"按钮，打开"背景图像选项"对话框，单击"自定义图像"单选按钮，如图 4-122 所示。

图 4-122 "背景图像选项"对话框

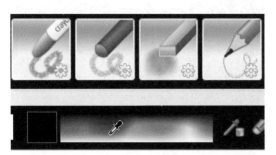

图 4-121 选取笔刷颜色

07 选择附带光盘中的文件素材 (DVD\ 素材 \ 第 4 章 \4.5)，如图 4-123 所示。然后单击"确定"按钮关闭窗口。

08 单击"开始录制"按钮，即可参考背景图像进行绘制，如图 4-124 所示。

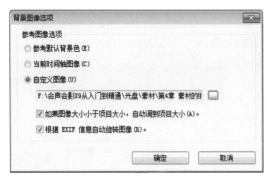

图 4-123 自定义图像

图 4-124 单击"开始录制"按钮

09 绘制完成后单击"停止录制"按钮，如图 4-125 所示。

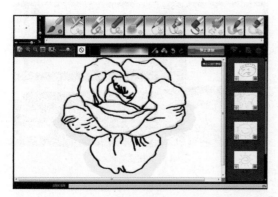

图 4-125 单击"停止录制"按钮

10 单击"更改选择的画廊区间"按钮，在打开的"区间"对话框中设置素材的"区间"参数为 10 秒，如图 4-126 所示。单击"确定"按钮完成操作。

图 4-126 设置区间参数

11 回到"绘图创建器"对话框，单击底部的"确定"按钮，显示"正在制作绘图创建器文件"读条，如图 4-127 所示。

图 4-127 显示读条

12 当进程栏信息条读满后，绘制完成的素材会自动保存到会声会影 X9 的素材库中，如图 4-128 所示。

图 4-128 素材库

 4.6 | ## 成批转换视频格式

成批转换工具可以批量转换视频格式，使管理更方便，输出速度更快。在本实例中将具体介绍视频的批量转换。

课堂举例 **047 成批转换** 视频文件: DVD\ 视频 \ 第 4 章 \4.6.MP4

01 进入会声会影 X9，执行【文件】|【成批转换】命令，如图 4-129 所示。

图 4-129 执行【文件】|【成批转换】命令

02 弹出"成批转换"对话框，单击"添加"按钮，如图 4-130 所示，添加视频素材。

图 4-130 单击"添加"按钮

03 单击"保存文件夹"后面的 按钮选择保存路径，在"保存类型"下拉列表中选择要转换的视频格式，如图4-131所示。

04 单击"选项"按钮，在"视频保存选项"对话框中设置视频文件的品质，如图4-132所示。然后单击"确定"按钮完成设置。

图4-131 选择视频格式

图4-132 设置

05 在"成批转换"对话框单击"转换"按钮进行文件的转换，如图4-133所示。

06 转换完成后，弹出"任务报告"对话框，单击"确定"按钮，如图4-134所示。

图4-133 单击"转换"按钮

图4-134 单击"确定"按钮

4.7 动态追踪

在看电视时常常会看到不愿意露脸的人物或是未赞助的商标被打上马赛克，还有就是快速运动中的物体被打上标记方便观众观看这就是运用了追踪这一特效。

课堂举例 **048** 动态追踪 视频文件: DVD\视频\第4章\4.7.MP4

效果展示

01 在会声会影视频轨中添加视频素材，如图4-135所示。

02 单击时间轴上方的"运动追踪"按钮，如图4-136所示。

图4-135 添加视频

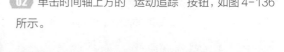

图4-136 单击"运动追踪"按钮

03 打开"运动追踪"对话框，如图4-137所示。

04 选择红色的跟踪器，将其拖动到需要跟踪的区域，如图4-138所示。

图4-137 "运动追踪"对话框

图4-138 拖动跟踪器

05 在跟踪器类型中单击"按区域设置跟踪"按钮，单击"应用/隐藏马赛克"按钮，并单击右侧的三角按钮，在展开的列表中选择圆形，调整马赛克大小，如图4-139所示。

图4-139 设置跟踪器类型

06 在上方的预览窗口中调整圆的大小，单击"运动追踪"按钮，如图 4-140 所示。

图 4-140 单击"运动追踪"按钮

07 此时，系统开始追踪并建立跟踪路径，当需要重新设置则单击"重置为默认设置"按钮，如图 4-141 所示 。

图 4-141 单击"重置为默认设置"按钮

08 重新追踪到合适的位置单击 按钮停止追踪 单击"添加新的跟踪器"按钮，新建跟踪器，如图 4-142 所示，然后再次追踪。

图 4-142 单击"添加新的跟踪器"按钮

09 追踪完成后，单击"确定"按钮。在预览窗口中预览效果，如图 4-143 所示。

图 4-143 预览效果

第3篇 精彩特效篇

第5章
完美的视频覆叠

▶本章导读：◀

在影视作品中经常会看到一个画面中显现出另一个画面，有时是多个画面相叠加的效果，这就是画中画效果。会声会影 X9 通过覆叠功能，可以轻松地制作出画中画效果，让影片的画面内容更加丰富，更具观赏性。

▶效果欣赏：◀

5.1 | 覆叠基本操作

使用会声会影 X9 中的覆叠功能,可以将硬盘上的视频素材、图像素材和 Flash 动画添加到覆叠轨上,使素材产生叠加效果。

5.1.1 添加与删除覆叠素材

在"覆叠"操作中,添加素材到覆叠轨道上是最基本操作。将素材从素材库或从计算机中添加到覆叠轨中,才能对其进行编辑操作。对于覆叠轨上不需要的素材,用户也可以对其进行删除。

 课堂 举例 **049 月亮之上** 视频文件: DVD\视频\第5章\5.1.1.MP4

效果展示

01 在会声会影视频轨中单击鼠标右键,执行【插入照片】命令,添加素材图片"月亮.jpg",如图 5-1 所示。

02 在覆叠轨中单击鼠标右键,执行【插入照片】命令,添加图片"小猫.png",在预览窗口中调整素材的位置,如图 5-2 所示。

图 5-1 添加素材图片

图 5-2 调整覆叠素材位置

03 单击导览面板上的"播放"按钮,查看覆叠轨道应用效果。如果不需要覆叠轨中的素材,可以将其删除。在覆叠轨道中选择素材,单击鼠标右键,执行【删除】命令,如图 5-3 所示。

04 覆叠轨道上的素材删除后,在时间轴中显示效果,如图 5-4 所示。单击导览面板上的"播放"按钮,预览删除覆叠素材后的效果。

图 5-3 选择"删除"选项

图 5-4 删除素材后的覆叠轨道

 专家提醒

在时间轴中，选中要删除的覆叠轨素材，按 Delete 键，也可以删除覆叠素材。

5.1.2 调整覆叠素材大小与位置

在素材轨道上添加素材后，在预览窗口中可以调整覆叠素材在画面上的大小及位置，以更加方便地编辑叠加画面。

| 课堂举例 | 050 | 江南人家 | 视频文件: DVD\ 视频 \ 第 5 章 \5.1.2.MP4 |

 效果展示

01 在会声会影视频轨上添加图片"山水 .jpg"，如图 5-5 所示。

图 5-5 添加素材图像

02 在覆叠轨道上添加图片"江南人家"，如图 5-6 所示。

图 5-6 添加覆叠素材图像

03 在预览窗口中，当鼠标放到素材的黄色调节点时，鼠标变成箭头形状，如图5-7所示。

04 单击并拖动鼠标，将素材调整到合适的大小，并调整素材的位置，如图5-8所示。单击导览面板上的"播放"按钮，查看应用覆叠轨道的效果。

图 5-7 预览窗口

图 5-8 调整素材的大小及位置

5.1.3　调整覆叠素材形状

当添加的覆叠素材不能很好第与画面相结合，这时就要调整覆叠素材，进行变形处理，使其能更好第与背景或其他素材融合。

课堂举例 **051**　汽车广告

视频文件:DVD\视频\第5章\5.1.3.MP4

效果展示

01 在会声会影视频轨上添加图片"广告牌.jpg"，添加后如图5-9所示。

02 在覆叠轨道上添加图片素材"汽车.jpg"，添加后如图5-10所示。

图 5-9 添加素材图像

图 5-10 添加覆叠素材图像

03 在预览窗口中拖动覆叠轨素材的左上角绿色调节点，向左上角拖动，如图 5-11 所示。

04 拖动覆叠轨素材的右上角绿色调节点，向右上角拖动，如图 5-12 所示。

图 5-11 拖动左上角绿色调节点

图 5-12 拖动右上角绿色调节点

05 拖动覆叠轨素材的左下角绿色调节点，向左下角拖动，如图 5-13 所示。

06 拖动覆叠轨素材的右下角绿色调节点，向右下角拖动，如图 5-14 所示。单击导览面板上的"播放"按钮，查看应用覆叠轨道的效果。

图 5-13 拖动左下角绿色调节点

图 5-14 拖动右下角绿色调节点

5.1.4 设置对象对齐方式

会声会影 X9 提供了调整素材对齐方式的功能，包括"停靠在顶部""停靠在中央"和"停靠在底部"3 种方式，用户可以根据不同需要来进行编辑。

 052 蝶舞花间   视频文件: DVD\ 视频 \ 第5章 \5.1.4.MP4

01 进入会声会影 X9 编辑界面，在视频轨道上添加图片"花.jpg"。在覆叠轨道上添加素材图像"蝴蝶.png"，如图 5-15 所示。

02 在预览窗口中的覆叠素材上单击鼠标右键，执行【停靠在中央】|【居中】命令，如图 5-16 所示。单击导览面板上的"播放"按钮，查看应用覆叠轨道的效果。

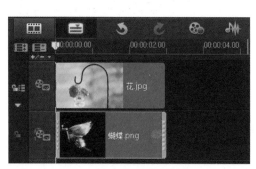

图 5-15 添加素材图像

图 5-16 选择停靠中央

5.1.5 复制覆叠属性

如果需要为多个覆叠素材应用相同的效果，则可以使用【复制覆叠属性】功能，将一个覆叠素材应用的部分或所有效果复制到另外的覆叠素材上。

 课堂举例 **053** 鸟语花香  视频文件: DVD\视频\第5章\5.1.5.MP4

效果展示

01 进入会声会影 X9，打开项目文件"5.1.5.VSP"，如图 5-17 所示。

02 单击导览面板中的"播放"按钮，查看项目效果，如图 5-18 所示。

图 5-17 打开项目文件

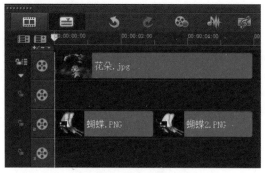

图 5-18 查看项目文件

03 选中第一个覆叠素材,单击鼠标右键,执行【复制属性】命令,如图5-19所示。

04 选中第二个覆叠素材,单击鼠标右键,执行【粘贴所有属性】命令,如图5-20所示。在导览面板中单击"播放"按钮,预览效果,覆叠素材的位置和大小变得相同。

图5-19 复制属性

图5-20 粘贴属性

05 或者,执行【粘贴可选属性】命令,如图5-21所示。

06 在打开的对话框中选择相应的复选框,如图5-22所示。单击"确定"按钮即可。

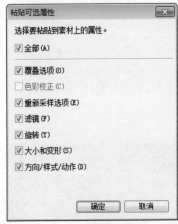

图5-22 选择复选框

图5-21 执行【粘贴可选属性】命令

5.1.6 多轨应用

会声会影 X9 提供了 20 个覆叠轨,增强了画面叠加效果。使用覆叠管理器可以创建和管理多个轨道,制作出多轨重叠效果。

 054 音乐随心而动 视频文件:DVD\视频\第5章\5.1.6.MP4

效果展示

01 进入会声会影 X9 编辑界面，在视频轨道上添加图像"手绘 .jpg"，如图 5-23 所示。

图 5-23 添加素材图像

03 弹出"轨道管理器"对话框，在覆叠轨下拉列表中选择 3，如图 5-25 所示。单击"确定"按钮。

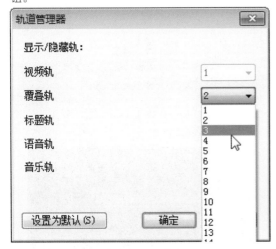

图 5-25 添加覆叠轨道

02 在时间轴中单击鼠标右键，执行【轨道管理器】命令，如图 5-24 所示。

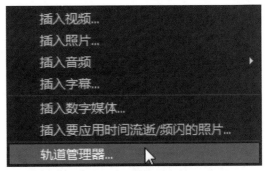

图 5-24 执行【轨道管理器】命令

04 在覆叠 #1 轨上添加素材图像"音乐符号 1.png"，并在预览窗口中调整大小和位置，如图 5-26 所示。

图 5-26 添加覆叠素材

05 在覆叠 #2 轨上添加素材图像"音乐符号 2.png"，在预览窗口中调整大小和位置，如图 5-27 所示。

图 5-27 添加覆叠素材

06 在覆叠 #3 轨上添加素材图像"音乐标题 .png"，并调整大小和位置，如图 5-28 所示。单击导览面板上的"播放"按钮，查看应用覆叠轨道的效果。

图 5-28 添加覆叠素材

5.2 | 覆叠效果

对覆叠素材进行不透明度调整、设置边框、用色度键抠图及应用遮罩都是经常会用到的覆叠效果。会声会影 X9 新增多种覆叠混合模式，在本节中将进行具体介绍。

5.2.1 不透明度调整

在会声会影中，可以降低覆叠素材的不透明度，制作覆叠与背景相融合的视频效果。当不透明度为 0 时，图像不透明，当不透明度为 99 时，图像完全透明。

课堂举例 055 书中故事 视频文件: DVD\视频\第 5 章\5.2.1.MP4

效果展示

01 在会声会影 X9 的视频轨和覆叠轨中分别添加素材，如图 5-29 所示。

02 选择覆叠素材，在选项面板中单击"遮罩和色度键"按钮，如图 5-30 所示。

图 5-29 添加素材

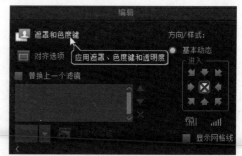

图 5-30 添加覆叠素材

03 在弹出的列表中，设置"透明度"参数为 40，如图 5-31 所示。

04 在预览窗口中调整覆叠素材的大小及位置，如图 5-32 所示。

图 5-31 设置透明度参数

图 5-32 调整大小和位置

5.2.2 覆叠边框

覆叠轨中的素材还可以增加边框，用户可以根据需要调整边框的颜色、边框的大小等参数。

课堂举例 056 阳光男孩  视频文件:DVD\视频\第5章\5.2.2.MP4

效果展示

01 在会声会影 X9 的视频轨中添加素材并调整到屏幕大小，如图 5-33 所示。

图 5-33 添加素材

02 在覆叠轨中添加素材，如图 5-34 所示。

图 5-34 添加覆叠素材

03 在选项面板中单击"遮罩和色度键"按钮，如图 5-35 所示。

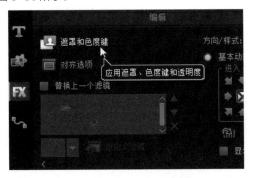

图 5-35 单击"遮罩和色度键"按钮

04 在弹出的列表中设置"边框"参数为 2，颜色为白色，如图 5-36 所示。在预览窗口中调整素材的大小及位置，预览应用边框后的覆叠效果。

图 5-36 设置边框

5.2.3 色度键抠图

色度键也就是人们常说的抠像功能，可以使用蓝屏、绿屏或者其他颜色来进行抠像，实现与背景的完美重合。

视频文件:DVD\视频\第5章\5.2.3.MP4

效果展示

01 进入会声会影 X9 编辑界面，在视频轨和覆叠轨上分别添加素材，如图 5-37 所示。

02 双击覆叠素材，在属性面板上单击"遮罩和色度键"按钮，如图 5-38 所示。

图 5-37 添加素材图像

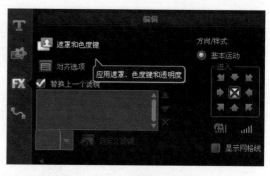

图 5-38 单击"遮罩和色度键"按钮

03 在弹出的列表中勾选"应用覆叠选项"复选框，设置"类型"为色度键、设置"相似度"数值为100，如图 5-39 所示。

04 调整覆叠素材的大小和位置，如图 5-40 所示。单击导览面板上的"播放"按钮，查看应用覆叠轨道的效果。

图 5-39 设置数值

图 5-40 调整大小和位置

 **专家提醒**

还可以单击"相似度"右侧的吸管工具，在右侧的缩略图或在预览窗口中吸取颜色。

5.2.4 遮罩应用

遮罩可以使素材局部透空，其原理是遮罩图片的白色部分显现素材，黑色部分则不显示素材，而灰色部分则为半透明显示。

课堂举例 **058 心心相印** 视频文件: DVD\视频\第5章\5.2.4.MP4

效果展示

01 进入会声会影 X9 编辑界面，在视频轨道上添加图像"背景 .jpg"，如图 5-41 所示。

02 在覆叠轨道上添加素材图像"情侣 .jpg"，如图 5-42 所示。

图 5-41 添加素材图像

图 5-42 添加覆叠素材图像

03 选中覆叠素材，在选项面板上单击"遮罩和色度键"按钮，如图 5-43 所示。

04 勾选"应用覆叠选项"复选框，设置"类型"为遮罩帧，如图 5-44 所示。

图 5-43 单击"遮罩和色度键"按钮

图 5-44 选择"遮罩帧"选项

05 在右侧的遮罩项中，选择双心图形，如图 5-45 所示。

06 在预览窗口中，调整覆叠素材的位置及大小，如图 5-46 所示。单击导览面板上的"播放"按钮，查看应用遮罩后的效果。

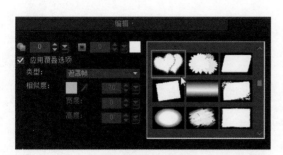

图 5-45 选择双心图形

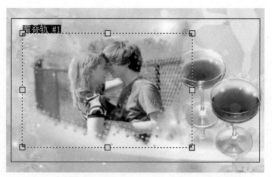

图 5-46 调整覆叠素材位置及大小

5.2.5 视频遮罩

视频遮罩是会声会影 X9 中为视频提供的动态遮罩效果。

课堂举例 **059** 视频遮罩　　视频文件:DVD\视频\第5章\5.2.5.MP4

效果展示

01 在素材库中选择素材，分别拖入视频轨和覆叠轨，如图 5-47 所示。并分别调整至屏幕大小。

02 选择覆叠轨素材，单击"遮罩和色度键"按钮，如图 5-48 所示。

图 5-47 添加素材

图 5-48 单击"遮罩和色度键"按钮

03 在展开的面板中选中"应用覆叠选项"复选框，单击类型，在展开的列表中选择"视频遮罩"选项，如图 5-49 所示。

04 在预览窗口中预览添加视频遮罩的效果，如图 5-50 所示。

图 5-49 选择"视频遮罩"选项

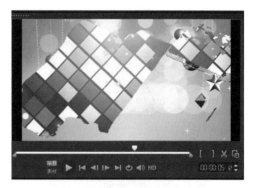

图 5-50 预览效果

5.2.6　灰色键

　　使用灰色键功能，覆叠对象中的白色区域呈透明显示，浅色区域呈半透明显示，从而将此区域的背景展示出来。

课堂举例　**060**　灰色键　　　　视频文件: DVD\ 视频 \ 第 5 章 \5.2.6.MP4

效果展示

01　在素材库中选择素材，分别拖入视频轨和覆叠轨，如图 5-51 所示。并分别调整至屏幕大小。

02　选择覆叠轨素材，单击"遮罩和色度键"按钮，如图 5-52 所示。

图 5-51 添加素材

图 5-52 单击"遮罩和色度键"按钮

03　在展开的面板中选中"应用覆叠选项"复选框，单击类型，在展开的列表中选择"灰色键"选项，如图 5-53 所示。

图 5-53 选择"灰色键"选项，在预览窗口中预览应用灰色键的效果。

 专家提醒

用户在选择灰色键后，可以调整相应的参数与滑块，来达到理想的覆叠效果。

5.2.7 相乘

相乘是一种混合模式，覆叠轨与视频轨图像叠加重合，总是显示较暗区域的图像。

课堂举例 **061 五彩斑斓** 视频文件: DVD\视频\第5章\5.2.7.MP4

效果展示

01 添加素材到视频轨与覆叠轨中，如图 5-54 所示。并分别调整至屏幕大小。

02 选择覆叠轨素材，单击"遮罩和色度键"按钮，如图 5-55 所示。

图 5-54 添加素材

图 5-55 单击"遮罩和色度键"按钮

03 在展开的面板中选中"应用覆叠选项"复选框，单击类型，在展开的列表中选择"相乘"选项，如图5-56 所示。

04 在预览窗口中预览应用相乘的效果。

图 5-56 选择"相乘"选项

5.3 基本运动

添加覆叠素材后，可以对覆叠轨上文件进行动画设置，例如进入、退出、淡入、淡出、区间旋转动画效果。

5.3.1 设置进入退出方向

在会声会影中，可以对添加到覆叠轨中的素材设置方向，包括素材进入到画面与退出画面的方向，这是视频编辑中最常见的应用。

课堂举例 **062** 学习　　　　　　　视频文件: DVD\视频\第5章\5.3.1.MP4

效果展示

01 进入会声会影 X9 编辑界面，在视频轨道上添加图像"学习用品 .jpg"，如图 5-57 所示。

02 在覆叠轨道上添加素材图像"苹果 .png"，在预览窗口中调整素材的大小及位置，如图 5-58 所示。

图 5-57 添加素材图像

图 5-58 添加覆叠素材图像

03 在时间轴中选中覆叠素材，双击鼠标左键，如图 5-59 所示。

04 在弹出的选项面板上单击"从右上方进入"按钮和"从左边退出"按钮，如图 5-60 所示。单击导览面板上的"播放"按钮，查看设置方向后的效果。

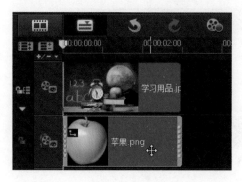

图 5-59 双击覆叠素材

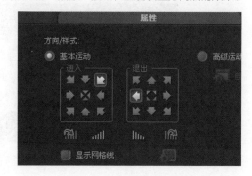

图 5-60 选择进入和退出方向

5.3.2 淡入淡出动画效果

除了对覆叠素材的方向进行设置外，还可以对样式进行设置，包括了区间旋转动画及淡入淡出动画效果。为覆盖轨道上的素材应用淡入、淡出动画效果后，可以使素材效果更自然。

课堂举例 063 蝶舞花间   视频文件：DVD\视频\第5章\5.3.2.MP4

效果展示

01 进入会声会影 X9 编辑界面，在视频轨和覆叠轨上分别添加素材，如图 5-61 所示。

02 调整素材的大小及位置。选中覆叠素材，在选项面板上单击"淡入动画效果"按钮，如图 5-62 所示。可制作淡入动画的效果。

图 5-61 添加覆叠素材图像

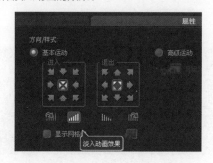

图 5-62 单击"淡入动画效果"按钮

03 单击"淡出动画效果"按钮,如图 5-63 所示。可以制作淡出动画的效果。在导览面板上的单击"播放"按钮,查看应用淡入淡出的效果。

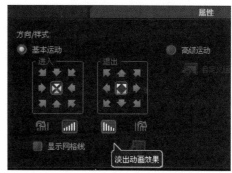

图 5-63 单击"淡出动画效果"按钮

5.3.3 区间旋转动画效果

区间旋转动画效果包括"暂停区间前旋转"和"暂停区间后旋转"。为素材添加区间旋转动画后,素材会进行相应的旋转。

 064 旋转风车  视频文件:DVD\ 视频 \ 第 5 章 \5.3.3.MP4

效果展示

01 进入会声会影 X9 编辑界面,在视频轨道上添加图像"背景 .jpg",并调整屏幕大小,如图 5-64 所示。

02 在覆叠轨道上添加素材图像"风车 .png",并调整素材的大小及位置,如图 5-65 所示。

 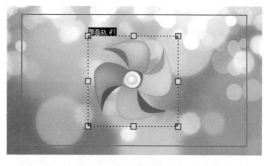

图 5-64 添加素材图像

图 5-65 添加覆叠素材

03 在时间轴中选中覆叠素材,打开选项面板,单击"暂停区间后旋转"按钮,如图 5-66 所示,可以制作暂停区间后旋转的动画。

04 单击"暂停区间前旋转"按钮,如图 5-67 所示,可以制作暂停区间前旋转的动画。单击导览面板上的"播放"按钮,查看应用效果。

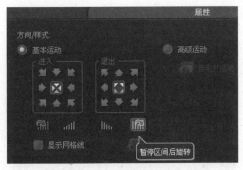

图 5-66 单击"暂停区间后旋转"按钮

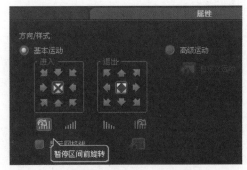

图 5-67 单击"暂停区间前旋转"按钮

5.4 高级运动

项目添加覆叠素材后，还可以为覆叠素材添加滤镜效果，下面介绍一下在覆叠轨上添加滤镜效果。

5.4.1 添加与删除路径

路径面板中的预设路径可以添加到视频轨或覆叠轨中的素材上，但是每个素材只能添加一个预设路径。添加路径后还可以将其删除。

课堂举例 **065** **惬意生活** 视频文件: DVD\ 视频 \ 第 5 章 \5.4.1.MP4

效果展示

01 进入会声会影 X9 编辑界面，在视频轨和覆叠轨上分别添加素材，如图 5-68 所示。

图 5-68 添加素材

02 在素材库面板中，单击"路径"按钮，进入"路径"素材库，如图 5-69 所示。

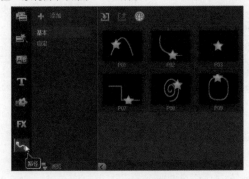

图 5-69 "路径"素材库

专家提醒

对素材进行大小或形状的改变，再添加路径时，系统会自动将素材调整到默认大小及形状，并且在添加路径后，素材无法调整大小。

03 在"路径"素材库中，选择路径"P10"，将其拖动到覆叠轨的素材上即可添加路径，如图 5-70 所示。

04 在导览面板中单击"播放"按钮，预览效果。当用户不再需要使用路径效果时，可在应用了路径的素材上单击鼠标右键，执行"删除路径"命令即可，如图 5-71 所示。

图 5-70 添加路径

图 5-71 执行"删除路径"命令

5.4.2 自定义运动

在会声会影 X9 中，添加到覆叠轨素材上的路径才可以进行自定义。用户可以根据需要对素材大小、旋转、边框、投影等参数进行自定义，还可以新建关键帧，以此增加运动的轨迹。

 课堂举例 **066** 儿童相册　　　 视频文件：DVD\视频\第 5 章\5.4.2.MP4

效果展示

01 进入会声会影 X9 编辑界面，在视频轨和覆叠轨上分别添加素材，如图 5-72 所示。

02 选择覆叠轨中的素材，进入选项面板，单击"高级运动"单选按钮，如图 5-73 所示。

图 5-72 添加素材

图 5-73 单击"高级运动"单选按钮

03 系统会自动弹出"自定义运动"对话框,如图5
-74 所示。

04 在"旋转"选项组中设置"Y"的参数为90,如
图 5-75 所示。

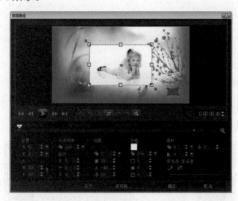

图 5-74 "自定义运动"对话框

图 5-75 设置旋转参数

05 在"镜面"选项组中设置"镜面阻光度"参数为
38,如图 5-76 所示。

06 将滑块拖至最后一帧,设置镜面阻光度参数为
38,然后单击"确定"按钮,如图 5-77 所示。在预
览窗口中可以预览自定义运动的效果。

图 5-76 设置参数

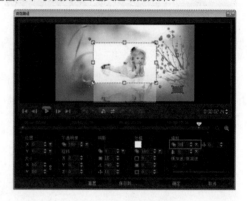

图 5-77 单击"确定"按钮

第6章
丰富的场景切换

▶本章导读:◀

　　在影片编辑过程中，有时候预览剪辑效果时总觉得素材之间的衔接比较突兀，这时候就需要转场效果来进行素材与素材之间的连接，会使整个影片看起来更加流畅、自然。

▶效果欣赏:◀

6.1 | 转场的基本操作

在视频编辑中，要使素材与素材之间的连接更加自然，常常会用到转场效果，本节介绍转场效果的应用方法和基本操作。

6.1.1 添加转场效果

场是指场景，在会声会影中每个素材为不同的场，转场则是场与场之间的过渡方式，会声会影中提供了很多种转场效果。在项目中添加转场效果能让素材与素材之间的过渡更自然。

 课堂举例 **067** **草莓大赏**  视频文件: DVD\ 视频 \ 第 6 章 \6.1.1.MP4

效果展示

01 进入会声会影 X9 编辑界面，添加素材图像到故事板视图中，如图 6-1 所示。

02 单击素材库中"转场"按钮█，切换至"转场"素材库，如图 6-2 所示。

图 6-1 添加素材图像

图 6-2 单击"转场"按钮

03 在素材库中，单击画廊倒三角按钮，在弹出的菜单中选择"全部"选项，如图 6-3 所示。

04 切换至"全部"素材库，选择"喷出"转场效果，拖动到素材与素材之间的位置上，如图 6-4 所示。操作完成后，单击导览面板上的"播放"按钮，预览转场效果。

图 6-3 选择"全部"转场素材库

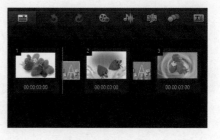

图 6-4 添加转场效果

6.1.2　应用随机效果

应用随机效果转场时，程序将从转场素材库中随机挑选几种转场效果，并将其添加到素材与素材之间。随机添加的转场每次都会不同。

 课堂举例　068　萌宠摄影　视频文件：DVD\ 视频 \ 第6章 \6.1.1.MP4

效果展示

01　进入会声会影 X9 编辑界面，添加素材图像到故事板上，如图 6-5 所示。

02　单击素材库中"转场"按钮，单击画廊右侧的"对视频轨应用随机效果"按钮，如图 6-6 所示。

图 6-5　添加素材图像

图 6-6　单击按钮

03　转场效果随机自动添加到素材之间，如图 6-7 所示。单击导览面板上的"播放"按钮，预览转场效果。

图 6-7　自动添加转场效果

6.1.3　应用当前效果

除了应用随机效果外，还可以应用某一种转场效果。在素材库中选择一个转场效果，单击素材库中的"应用当前效果"按钮，即可将当前选中的转场效果应用到视频轨道上所有素材之间。

 课堂举例　069　中国风　视频文件：DVD\ 视频 \ 第6章 \6.1.3.MP4

效果展示

01 进入会声会影 X9 编辑界面，添加素材图像"中国风 1、2、3.jpg"到故事板上，如图 6-8 所示。

02 单击素材库中"转场"按钮，单击画廊倒三角按钮，在弹出的下拉列表中选择"擦拭"选项，如图 6-9 所示。

图 6-8 添加素材图像

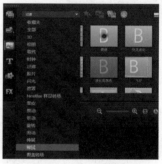

图 6-9 选择"擦拭"选项

03 切换至"擦拭"素材库，选择"百叶窗"转场效果，单击画廊右侧的"对视频轨道应用当前效果"按钮，如图 6-10 所示。

04 "百叶窗"转场自动添加到所有素材之间，如图 6-11 所示。单击导览面板上的"播放"按钮，预览转场效果。

图 6-10 单击按钮

图 6-11 应用"百叶窗"效果

6.1.4 删除转场效果

如果添加的转场效果不是很满意，还可以将添加的转场效果删除。删除转场后素材与素材之间将没有过渡。

 课堂举例 **070 温馨家居** 视频文件: DVD\ 视频 \ 第 6 章 \6.1.4.MP4

效果展示

01 进入会声会影 X9 编辑界面,打开项目文件（6.1.4.VSP）,预览效果如图 6-12 所示。

02 选择要删除的转场效果,单击鼠标右键,执行【删除】命令,如图 6-13 所示。单击导览面板上的"播放"按钮,预览删除转场后的效果。

图 6-12 添加素材和转场效果

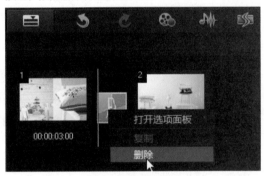

图 6-13 删除转场效果

专家提醒

单击选择素材之间转场效果,按下 Delete 键可直接删除转场效果。

6.1.5 自动添加转场

用户需要快速制作影片时,可以应用程序中自动为素材添加转场效果,也可以根据自己的需要来设置合适的转场效果,做出更好的影片。

课堂举例 071 美味水果　　视频文件: DVD\视频\第6章\6.1.5.MP4

效果展示

01 进入会声会影 X9 编辑界面，执行【设置】|【参数选择】命令。在弹出的"参数选择"对话框中选择"编辑"选项卡，在编辑选项卡中选中"自动添加转场效果"复选框，如图 6-14 所示。

02 单击"确定"按钮，返回操作界面，添加素材图像素材"水果 1、2、3.jpg"，程序就会自动在两个素材之间添加转场效果，如图 6-15 所示。单击导览面板上的"播放"按钮，预览自动添加的转场效果。

图 6-14 勾选"自动添加转场效果"复选框

图 6-15 自动添加转场效果

6.1.6 收藏转场效果

会声会影 X9 中有上百种转场效果，运用转场效果时，还需要到不同的素材库中去查找，费时又费力。用户可以使用收藏夹，将常用的转场效果进行收藏，需要使用时，在"收藏夹"中就可以快速找到所需的转场效果，从而大大提高了工作效率。

课堂举例 **072** 收藏转场 视频文件：DVD\视频\第 6 章\6.1.6.MP4

01 进入会声会影 X9 编辑界面，单击素材库上的"转场"按钮 [AB]，切换至"转场"素材库，并单击画廊倒三角按钮，在弹出的菜单中选择"时钟"选项，如图 6-16 所示。

02 切换到"时钟"素材库中，选中"单向"转场效果并单击画廊右侧的"添加到收藏夹"按钮 ⭐，如图 6-17 所示。

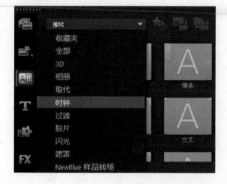

图 6-16 选择"时钟"选项

图 6-17 单击"添加到收藏夹"按钮

03 添加完成后，单击画廊倒三角按钮，在弹出的下拉列表中选择"收藏夹"选项，如图 6-18 所示。

04 切换到"收藏夹"素材库，此时"单轴"转场效果已经添加到收藏夹里，如图 6-19 所示。

图 6-18 选择"收藏夹"选项

图 6-19 显示添加的收藏转场

05 当在素材之间添加转场后，选择转场，在"选项"面板中单击"添加到收藏夹"按钮也可添加转场至收藏夹，如图 6-20 所示。

图 6-20 单击"添加到收藏夹"按钮

6.2 | 设置转场属性

添加完转场效果后，若用户不满意当前效果，还可以对转场进行属性设置，直至得到满意的效果。

6.2.1 设置转场方向

在会声会影 X9 中，用户可以自定义转场，包括设置转场的方向等。并不是所有的转场都可以设置转场方向。

课堂举例　073　杯中春色　 视频文件: DVD\视频\第6章\6.2.1.MP4

效果展示

01 进入会声会影 X9 编辑界面，添加素材图像"1、2.jpg"到故事板中，如图 6-21 所示。

02 选择"转场"素材库，单击素材库上方的画廊倒三角按钮，在弹出的下拉列表中选择"胶片"选项，选择"扭曲"转场，添加"扭曲"转场到素材之间，如图 6-22 所示。

图 6-21 添加素材图像

图 6-22 添加"扭曲"转场

03 单击导览面板中的"播放"按钮，预览转场效果，如图 6-23 所示。

04 双击时间轴中的转场，在弹出的面板中设置"区间"为 0:00:02:00，"方向"为逆时针，如图 6-24 所示。单击导览面板上的"播放"按钮，预览转场设置效果。

图 6-23 预览转场效果

图 6-24 设置转场属性

6.2.2 设置转场边框

为添加的转场设置相应的边框大小，可以突出显示转场效果。在会声会影中，仅有部分转场可以设置边框效果。

 课堂举例　**074**　**缤纷夏日**　　视频文件：DVD\ 视频 \ 第 6 章 \6.2.2.MP4

效果展示

01 进入会声会影 X9 编辑界面，添加素材图像到故事板中，如图 6-25 所示。

02 单击素材库中"转场"按钮，切换至"转场"素材库，选择"菱形"转场，将其添加到素材之间，如图 6-26 所示。

图 6-25 添加素材图像

图 6-26 添加转场效果

03 在预览窗口中预览添加转场的效果，如图 6-27 所示。

04 选中素材之间的转场，双击鼠标左键，弹出选项面板，设置边框大小为 1，如图 6-28 所示。单击导览面板中的"播放"按钮，预览设置转场边框后的效果。

图 6-27 预览添加转场的效果

图 6-28 设置边框大小

6.2.3 设置转场色彩

除了可以设置转场边框外，转场色彩是和转场边框相对应的，协调的色彩能创造出更具美感的影片效果。

 课堂举例　**075　红粉星辰**　 视频文件：DVD\ 视频 \ 第 6 章 \6.2.3.MP4

效果展示

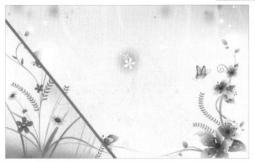

01 进入会声会影 X9 编辑界面，添加素材图像到故事板中，如图 6-29 所示。

02 单击素材库中"转场"按钮，切换至"转场"素材库，并单击画廊倒三角按钮，在下拉列表中选择"时钟"选项，如图 6-30 所示。

图 6-29 添加素材图像

图 6-30 选择"时钟"选项

03 选择"单向"转场，将其添加到素材之间，如图 6-31 所示。在预览窗口中预览转场效果。

04 选中转场，双击鼠标左键，弹出"选项"面板，设置边框参数为 1，单击色彩的色块，在弹出的列表框中选择绿色，如图 6-32 所示。单击导览面板中的"播放"按钮，预览添加转场边框的效果。

图 6-31 添加转场效果

图 6-32 设置转场属性

6.2.4 设置转场时间

将转场效果添加到项目中以后，可以根据用户的需要，调整转场效果的持续播放时间，默认的转场区间为 1 秒。

 076 蝶恋花　　　视频文件：DVD\视频\第 6 章 \6.2.4.MP4

效果展示

01 进入会声会影 X9 编辑界面，添加素材图像到故事板中，如图 6-33 所示。

图 6-33 添加素材图像

03 切换至 "3D" 素材库，选择 "对开门" 转场效果，如图 6-35 所示。将 "对开门" 转场添加到图像素材之间。

图 6-35 添加对开门转场

02 单击素材库中 "转场" 按钮，切换至 "转场" 素材库，并单击画廊倒三角按钮，在弹出的下拉列表中选择 "3D" 选项，如图 6-34 所示。

图 6-34 选择 "3D" 选项

04 选中素材之间的 "对开门" 转场，双击鼠标，展开选项面板，在区间中修改时间为 0：00：03：00，如图 6-36 所示，即可修改转场区间。单击导览面板中的 "播放" 按钮，预览最终效果。

图 6-36 修改区间

6.3 常见转场效果应用实例

本节介绍常见转场效果的应用实例通过具体的操作练习让用户能更加得心应手地应用转场效果。

6.3.1 交叉淡化——黑屏过渡

添加黑屏过渡效果的方法非常简单，只要在黑色和素材之间添加 "交叉淡化" 转场效果即可。

课堂举例 077 漫步夕阳　　视频文件：DVD\ 视频 \ 第 6 章 \6.2.4.MP4

效果展示

01 在故事板中单击鼠标右键，执行【插入照片】命令，添加照片素材，如图 6-37 所示。

图 6-37 打开素材

02 单击"图形"按钮 ，打开"图形"素材库，并选择黑色色块，如图 6-38 所示。

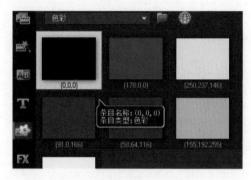

图 6-38 选择黑色色块

03 按住鼠标左键并拖曳至故事板中的适当位置，得到效果如图 6-39 所示。

图 6-39 拖曳至适当位置

04 打开"过滤"转场素材库，将"交叉淡化"转场拖至素材图像与黑色色块之间，如图 6-40 所示。单击导览面板中的"播放"按钮，预览黑屏过渡效果。

图 6-40 添加"交叉淡化"转场效果

6.3.2 相册转场——狗狗世界

"相册"转场可以模拟相册翻动的方式转场。用户使用相册转场后还可以根据情况修改相册的封面、布局、背景和阴影等。

 课堂举例 **078** 狗狗世界　　　视频文件：DVD\ 视频 \ 第 6 章 \6.3.2.MP4

效果展示

01 进入会声会影 X9 编辑界面，添加素材图像到故事板中，如图 6-41 所示。

02 打开转场素材库，单击画廊倒三角按钮，在弹出的下拉列表中选择"相册"选项，如图 6-42 所示。

图 6-41 添加素材图像

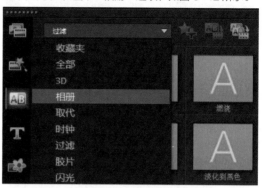

图 6-42 选择相册选项

03 切换至"相册"素材库，选择"翻转"转场，将其拖动到素材之间，如图 6-43 所示。单击导览面板中的"播放"按钮，预览转场效果。

图 6-43 添加"相册"转场

6.3.3 打开转场——爱的表达式

打开转场是素材 A 以菱形向中间聚拢的方式被素材 B 取代。添加打开转场后还可以在选项面板中设置边框、色彩、柔化边缘及方向等。

 课堂 举例 **079** **爱的表达式**   视频文件：DVD\ 视频 \ 第 6 章 \6.3.3.MP4

效果展示

01 进入会声会影 X9 编辑界面，添加素材图像到故事板中，如图 6-44 所示。

02 打开转场素材库，选择"过滤"类别，将"打开"转场拖动到素材之间，如图 6-45 所示。单击导览面板中的"播放"按钮，预览转场效果。

图 6-44 添加素材图像

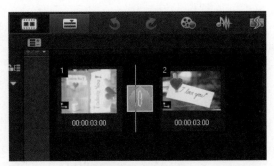

图 6-45 选择"打开"转场

6.3.4 单向转场——夏日海滩

单向转场是素材 A 以卷轴的方式逐渐被素材 B 所取代。在选项面板中，用户可以根据需要修改单向转场的方向。

课堂举例 **080 夏日海滩**   视频文件：DVD\ 视频 \ 第 6 章 \6.3.4.MP4

效果展示

01 进入会声会影 X9 编辑界面，添加素材图像"冲浪 1、2.jpg"到故事板中，如图 6-46 所示。

02 打开转场素材库，单击画廊倒三角按钮，在弹出的下拉列表中选择"胶片"选项，选择"单向"转场，如图 6-47 所示，将其拖动到素材之间。单击导览面板中的"播放"按钮，预览转场效果。

图 6-46 添加素材图像

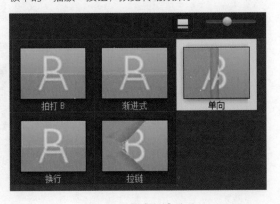

图 6-47 选择"胶片"选项

6.3.5　飞行方块转场——夏日海滩

飞行方块可以使素材 A 变成方块进行旋转与素材 B 融合。飞行方块转场可以设置转场的柔化边缘和转场方向等参数。

 课堂举例　081　夏日海滩　　　　视频文件：DVD\ 视频 \ 第 6 章 \6.3.5.MP4

效果展示

01 进入会声会影 X9 编辑界面，添加素材图像到故事板中，如图 6-48 所示。

02 单击素材库中的"转场"按钮，在画廊中选择"3D"选项，将"飞行方块"转场添加到素材之间，如图 6-49 所示。单击导览面板中的"播放"按钮，预览转场效果。

图 6-48　添加素材图像

图 6-49　添加"飞行方块"转场

6.3.6　3D 比萨饼盒转场——阳光盛开

3D 比萨饼盒转场是将素材 A 中间闪光加横条透空的模板的方式逐渐被素材 B 取代。添加转场后，在选项面板中单击"自定义"按钮，还可以选择其他的转场效果。

 课堂举例　082　阳光盛开　　　　视频文件：DVD\ 视频 \ 第 6 章 \6.3.6.MP4

效果展示

01 进入会声会影 X9 编辑界面，添加素材图像到故事板中，如图 6-50 所示。

02 打开转场素材库，单击画廊倒三角按钮，在弹出的下拉列表中选择"NewBlue 样品转场"选项，选择"3D 比萨饼盒"转场，将它拖动到素材之间，如图 6-51 所示。单击导览面板中的"播放"按钮，预览转场效果。

图 6-50 添加素材图像

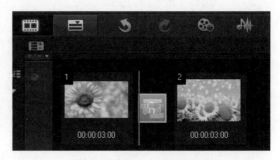

图 6-51 添加"3D 比萨饼盒"转场

6.3.7 色彩融化转场——旅游时光

色彩融化转场是将素材 A 中的素材逐渐融化，以致被素材 B 取代。添加转场后，在选项面板中单击"自定义"按钮，还可以选择其他的转场效果。

课堂举例 **083** 旅游时光　　视频文件：DVD\ 视频 \ 第 6 章 \6.3.7.MP4

效果展示

01 进入会声会影 X9 编辑界面，添加素材图像到故事板中，如图 6-52 所示。

02 打开转场素材库，单击画廊倒三角按钮，在下拉列表中选择"NewBlue 样品转场"选项，选择"色彩融化"转场，如图 6-53 所示，将其拖动到素材之间。

图 6-52 添加素材图像

图 6-53 添加"色彩融化"转场

03 选择转场，在选项面板中单击"自定义"按钮，如图6-54所示。

04 在展开的对话框中，选择"逼真的梦境"选项，如图6-55所示。

图6-54 单击"自定义"按钮

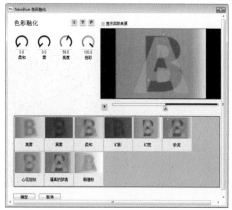

图6-55 选择选项

单击"确定"按钮完成设置，在预览窗口中预览效果。

6.3.8 遮罩转场——海滩游玩

遮罩转场是将素材A以遮罩的方式逐渐被素材B取代。添加转场后，在选项面板中单击"自定义"按钮，还可以选择其他的转场效果

课堂举例 084 海滩游玩　　视频文件：DVD\视频\第6章\6.3.8.MP4

效果展示

01 进入会声会影X9编辑界面，添加素材图像到故事板中，如图6-56所示。

02 打开转场素材库，选择"遮罩"类别，选择"遮罩C"转场，单击鼠标右键，执行【对视频轨应用当前效果】命令，如图6-57所示

图6-56 添加素材

图6-57 执行【对视频轨应用当前效果】命令

03 选择转场，在选项面板中单击"自定义"按钮，如图 6-58 所示。

04 打开"遮罩－遮罩 C"对话框，在"遮罩"选项区中，选择合适的遮罩样式，如图 6-59 所示。

图 6-58 单击"自定义"按钮

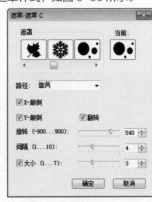

图 6-59 选择遮罩样式

05 单击"确定"按钮完成设置，在预览窗口中预览效果。

第7章
神奇的滤镜特效

▶**本章导读:**◀

　　在电影中经常会看到一些梦幻、变形、发光等奇特的画面效果,这些效果并不是拍摄出来的,而是通过后期制作出来的。在会声会影 X9 程序中,通过使用"滤镜"功能就可以轻松帮助用户制作出以上效果。

▶**效果欣赏:**◀

7.1 | 滤镜的基本操作

了解了滤镜的属性后接下来将介绍视频滤镜应用到影片中的方法,用户可以通过简单的拖曳操作将视频滤镜应用到素材上也可以在同一个素材上应用多个视频滤镜。

7.1.1 添加单个滤镜

在会声会影滤镜素材库中提供了很多种滤镜,不同的滤镜能制作不同的视频特效。用户可以根据制作的需要,为素材添加相应的视频滤镜,使素材产生用户需要的效果。

课堂举例 085 百花争春 视频文件: DVD\ 视频 \ 第 7 章 \7.1.1.MP4

效果展示

01 进入会声会影 X9 编辑界面,添加图像素材"花 .jpg"到视频轨道上,如图 7-1 所示。

02 在素材库面板上单击"滤镜"按钮 **FX** ,切换至"滤镜"素材库,如图 7-2 所示。

图 7-1 添加视频

03 在素材库中选择"镜头闪光"滤镜,如图 7-3 所示,将它拖曳到视频轨的素材上。

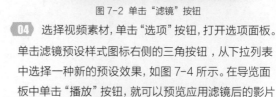

图 7-2 单击"滤镜"按钮

04 选择视频素材,单击"选项"按钮,打开选项面板。单击滤镜预设样式图标右侧的三角按钮,从下拉列表中选择一种新的预设效果,如图 7-4 所示。在导览面板中单击"播放"按钮,就可以预览应用滤镜后的影片效果。

图 7-3 添加"镜头闪光"滤镜

图 7-4 选择滤镜效果

7.1.2 添加多个滤镜

在会声会影 X9 中可以为素材应用两种以上的滤镜效果。合理的组合多个滤镜后能制作出更加精彩炫目的视频特效

 课堂举例 **086 春天气息**  视频文件: DVD\ 视频 \ 第 7 章 \7.1.2.MP4

 效果展示

01 进入会声会影 X9，插入一幅图像素材"花 .jpg"，如图 7-5 所示。

02 单击素材库中"滤镜"按钮 **FX**，切换至"滤镜"素材库。在素材库中选择"云彩"滤镜，如图 7-6 所示，将它拖动到图像上。

图 7-5 插入图像

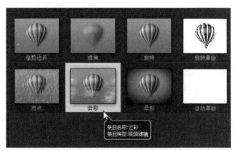

图 7-6 添加"云彩"滤镜

03 选择素材，单击"选项"按钮，打开选项面板，取消勾选"替换上一个滤镜"复选框，如图 7-7 所示。

04 取消选中后，在素材库中选择"雨点"滤镜，将它拖动到图像上，在滤镜列表中就会显示两个滤镜，如图 7-8 所示。单击预览窗口下的"播放"按钮，即可查看添加滤镜后的效果。

图 7-7 取消替换上一个滤镜

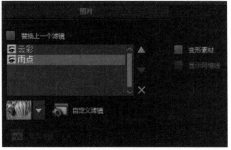

图 7-8 显示滤镜

专家提醒 ✦ ⑄

取消勾选"替换上一个滤镜"复选框后,新添加的滤镜就不会替换原先的滤镜。在素材上能够同时应用多个滤镜效果,但叠加的滤镜不能超过5个。

7.1.3 删除滤镜

当用户为一个素材添加滤镜后,发现该滤镜未能达到自己所需要的效果时,可以将该滤镜效果删除。

课堂举例 **087** 生如夏花 视频文件: DVD\ 视频 \ 第 7 章 \7.1.3.MP4

效果展示

01 打开项目文件"7.1.3.VSP",打开"选项"面板,显示了添加的多个滤镜,在滤镜列表框中选择"气泡"视频滤镜,如图 7-9 所示。

02 单击滤镜列表框右下角的"删除滤镜"按钮,如图 7-10 所示,可删除选择的所有滤镜。单击导览面板中的"播放"按钮,即可预览删除视频滤镜后的效果。

图 7-9 选择"气泡"视频滤镜

图 7-10 删除滤镜

7.1.4 对比应用滤镜的前后效果

需要对比应用滤镜的前后效果,可以使用"隐藏滤镜"实现。

课堂举例 **088** 春意盎然 视频文件: DVD\ 视频 \ 第 7 章 \7.1.4.MP4

01 打开项目文件，展开"选项"面板，在滤镜列表中选择滤镜，单击滤镜前的眼睛图标，如图7-11所示。

02 单击后眼睛图标消失，滤镜则被隐藏，如图7-12所示。

图7-11 单击图标

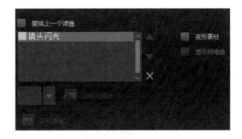

图7-12 图标消失

03 再次单击，则显示滤镜，以此查看应用滤镜的前后效果。

7.1.5 自定义滤镜属性

在会声会影X9中添加的滤镜，如果达不到想要的效果，这时就可以自定义滤镜，调整为用户想要达到的某种特殊效果。

 课堂举例 **089** 四叶草  视频文件：DVD\ 视频 \ 第 7 章 \7.1.5.MP4

效果展示

01 进入会声会影 X9 编辑界面,添加图像素材"四叶草 .jpg"到视频轨道上,如图 7-13 所示。

图 7-13 添加素材

02 添加"镜头闪光"视频滤镜到素材上,在"属性"面板上,单击"自定义滤镜"按钮,如图 7-14 所示。

图 7-14 单击"自定义滤镜"按钮

03 打开"镜头闪光"话框,在左侧的原图窗口中把 + 标记移动到新的位置,改变光线的照射方向,调整亮度为 150、大小为 58、额外强度为 200,如图 7-15 所示。

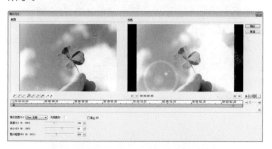

图 7-15 调整光线

04 将预览窗口下方的 ▽ 滑块移动到需要添加关键帧的位置,如图 7-16 所示。

图 7-16 移动滑块

05 单击"添加关键帧"按钮 ➕,在对话框下方设置镜头类型并调整亮度、大小、额外强度,如图 7-17 所示。

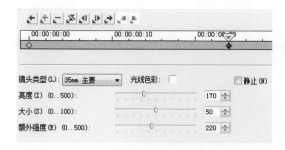

图 7-17 设置关键帧属性

06 选择另一个关键帧的位置,单击"添加关键帧"按钮 ➕,在对话框下方设置镜头类型并调整亮度、大小、额外强度,如图 7-18 所示。所有操作完成后,单击"预览窗口"右侧的"播放"按钮 ▶,预览滤镜效果,单击"确定"按钮完成自定义滤镜操作。

图 7-18 设置另一个关键帧的属性

7.2 | 常用视频滤镜精彩应用 4 例

本节通过实例制作，具体讲解常用视频滤镜的使用方法，让用户快速掌握滤镜应用。

7.2.1　改善光线——古典魅力

改善光线用于校正光线较差的视频或图像。用户还可以根据需要自定义滤镜效果，以达到满意的效果。

课堂举例　**090**　**古典魅力**　　视频文件：DVD\ 视频 \ 第 7 章 \7.2.1.MP4

效果展示

01 进入会声会影 X9 编辑界面，添加图像"美女 .jpg"到故事板中，如图 7-19 所示。

02 在素材库中单击滤镜按钮 ，在滤镜素材库中，在画廊的下拉列表中选择"调整"选项，如图 7-20 所示。

图 7-19 添加素材图像

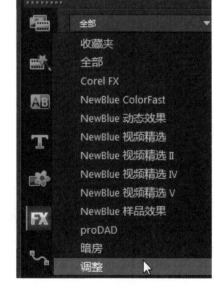

图 7-20 选择"调整"选项

03 切换至调整素材库，将"改善光线"滤镜拖动到图像上，如图 7-21 所示。

04 单击"选项"按钮，打开选项面板。在属性面板中，单击"自定义滤镜"按钮，如图 7-22 所示。

图 7-21 添加"改善光线"滤镜

图 7-22 单击"自定义滤镜"按钮

05 在弹出的"改善光线"对话框中，选择最后一个关键帧，调整"填充闪光"的数值为 52，"改善阴影"为 -59，如图 7-23 所示，单击"确定"按钮即可。单击导览面板中的"播放"按钮，查看应用滤镜效果。

图 7-23 设置参数

7.2.2 自动草绘——卡通绘画

自动草绘滤镜是模仿手绘画制作的滤镜效果，在自定义滤镜后还可以显示出画笔绘制的过程。

课堂举例 **091 卡通绘画** 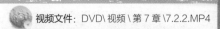 视频文件：DVD\视频\第 7 章\7.2.2.MP4

效果展示

01 进入会声会影 X9 编辑界面，添加图像"倒霉熊 .jpg"到故事板中，如图 7-24 所示。

02 打开滤镜素材库，单击画廊倒三角按钮，弹出的下拉菜单中选择"自然绘图"选项，如图 7-25 所示。

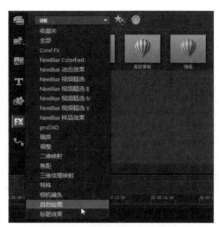

图 7-24 添加素材图像

图 7-25 选择"自然绘图"选项

03 切换到"自然绘图"素材库，选择"自动草绘"滤镜，如图 7-26 所示。

04 并将其拖动到图像上，如图 7-27 所示。单击导览面板中的"播放"按钮，查看应用滤镜效果。

图 7-26 自动绘图素材库

图 7-27 添加"自动草绘"滤镜

7.2.3 闪电滤镜——神秘森林

闪电滤镜用于在画面上添加闪电照射的效果，在会声会影中预设的闪电有很多种。

 课堂举例 **092** 神秘森林 视频文件: DVD\ 视频 \ 第 7 章 \7.2.3.MP4

效果展示

01 进入会声会影 X9 编辑界面，添加图像"森林.jpg"到故事板中，如图 7-28 所示。

02 打开滤镜素材库，单击画廊倒三角按钮，弹出的下拉菜单中选择"特殊"选项，如图 7-29 所示。

图 7-28 添加素材图像

图 7-29 选择"特殊"选项

03 选择"闪电"滤镜，如图 7-30 所示，并将其拖动到图像上。

04 单击"选项"按钮，打开选项面板，单击属性面板中的"自定义滤镜"按钮，如图 7-31 所示。

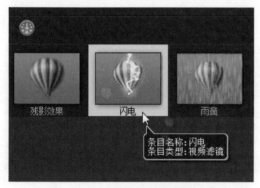

图 7-30 选择"闪电"滤镜

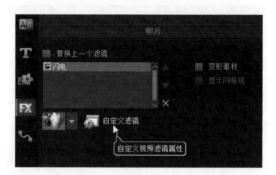

图 7-31 单击"自定义滤镜"按钮

05 在弹出的"闪电"滤镜对话框中，向左上拖动十字形状，修改闪电中心点位置，如图 7-32 所示。将最后一帧的中心点也进行相应的修改，操作完成后单击"确定"按钮。单击导览面板中的"播放"按钮，查看应用滤镜效果。

图 7-32 修改中心点位置

7.2.4　雨点滤镜——天降雨露

雨点滤镜用于在画面上添加雨丝的效果，除此之外，还可以通过自定义设置，形成雪天的效果。

课堂
举例 **093** 天降雨露 视频文件：DVD\ 视频 \ 第 7 章 \7.2.4.MP4

效果展示

01 进入会声会影 X9 编辑界面，添加图像"绿芽 .jpg"到故事板视图上，如图 7-33 所示。

02 在"特殊"滤镜素材库中，选择"雨点"滤镜，如图 7-34 所示，将其拖动到图像上。单击导览面板中的"播放"按钮，查看应用滤镜效果。

图 7-33 添加素材图像

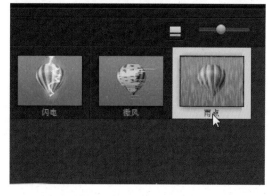

图 7-34 添加"雨点"滤镜

7.3 | 会声会影 X9 其他滤镜应用

会声会影 X9 中除了包含上述常用视频滤镜外，也还包含有其他滤镜的使用。本节将进行具体介绍。

7.3.1　色调和饱和度滤镜

色调和饱和度滤镜可以自动调整图片的色调和饱和度效果。

课堂
举例 **094** 婚礼装饰 视频文件：DVD\ 视频 \ 第 7 章 \7.3.1.MP4

效果展示

01 进入会声会影 X9，在故事板中插入素材图片，如图 7-35 所示。

02 在"暗房"滤镜素材库中，选择"色调和饱和度"滤镜，如图 7-36 所示。将其拖到素材上。

图 7-35 添加素材

图 7-36 选择滤镜

03 在选项面板，单击"自定义滤镜"按钮，如图 7-37 所示。

04 弹出对话框，如图 7-38 所示。

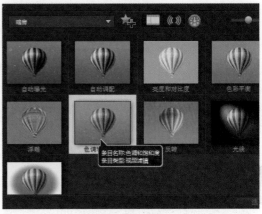

图 7-37 单击"自定义滤镜"按钮

图 7-38 弹出对话框

05 修改色调参数为 15、饱和度参数为 20，如图 7-39 所示。

06 在上方预览应用滤镜的效果，如图 7-40 所示。

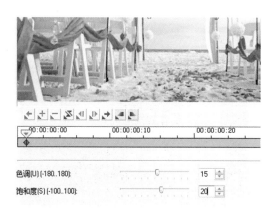

图 7-39 修改参数

图 7-40 预览

07 单击"确定"按钮，关闭对话框。查看应用滤镜的前后对比效果，如图 7-41 所示。

图 7-41 查看对比效果

7.3.2　New Bule 视频精选特效——柔焦

柔焦滤镜是可以调整整体画面的柔和度和焦距。

 课堂举例 **095** 柔和美女　　　视频文件：DVD\ 视频 \ 第 7 章 \7.3.2.MP4

效果展示

01 进入会声会影 X9，在故事板中插入素材图片，如图 7-42 所示。

02 在滤镜素材库中，选择"柔焦"滤镜，如图 7-43 所示。将其拖到素材上。

图 7-42 插入素材

图 7-43 选择滤镜

03 在选项面板，单击"自定义滤镜"按钮，如图 7-44 所示。

04 弹出对话框，单击"软化"效果，如图 7-45 所示。

图 7-44 单击"自定义滤镜"按钮

图 7-45 单击"软化"效果

05 在上方拖曳滑块，调整参数值，如图 7-46 所示。

06 单击"行"按钮，在预览窗口中预览效果，如图 7-47 所示。

图 7-46 调整参数

图 7-47 预览效果

7.3.3 色彩替换滤镜

色彩替换滤镜用于替换图片中相应色彩的颜色效果。

| 课堂 举例 | 096 色彩替换 |  视频文件: DVD\ 视频 \ 第 7 章 \7.3.3.MP4 |

效果展示

01 进入会声会影 X9，在故事板中插入素材图片，如图 7-48 所示。

02 在滤镜素材库中，选择"色彩替换"滤镜，如图 7-49 所示。将其拖到素材上。

图 7-48 插入素材

图 7-49 选择滤镜

03 在选项面板，单击"自定义滤镜"按钮，如图 7-50 所示。

04 弹出对话框，选择"金色黎明"选项，并拖曳滑块，调整参数，如图 7-51 所示。

图 7-50 单击"自定义滤镜"按钮

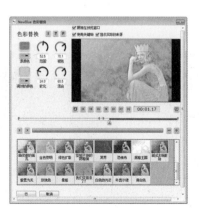

图 7-51 调整参数

05 单击"行"按钮关闭对话框，在预览窗口中预览效果，如图 7-52 所示。

图 7-52 预览效果

7.3.4 翻转滤镜

翻转滤镜用于将图片中的内容进行水平翻转操作。

课堂举例 **097 湖上泛舟**　　　视频文件：DVD\ 视频 \ 第 7 章 \7.3.4.MP4

效果展示

01 进入会声会影 X9，在故事板中插入素材图片，如图 7-53 所示。

02 在"二维映射"滤镜素材库中，选择"翻转"滤镜，如图 7-54 所示。将其拖到素材上即可，单击导览面板中的"播放"按钮，查看应用滤镜效果。

图 7-53 插入素材图片

图 7-54 选择"翻转"滤镜

7.3.5 视频摇动和缩放滤镜

视频摇动和缩放滤镜用于对视频效果进行摇动和缩放操作。

| 课堂举例 | 098 | 亲密陪伴 | 视频文件: DVD\ 视频 \ 第 7 章 \7.3.5.MP4 |

效果展示

01 进入会声会影 X9，在故事板中插入素材图片，如图 7-55 所示。

02 在"调整"滤镜素材库中，选择"视频摇动和缩放"滤镜，如图 7-56 所示。将其拖到素材上。

图 7-55 插入素材图片

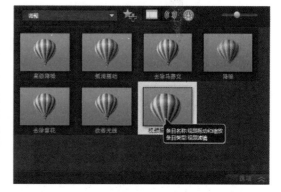

图 7-56 选择滤镜

03 单击导览面板中的"播放"按钮，查看应用滤镜效果，如图 7-57 所示。

图 7-57 预览效果

7.3.6 晕影滤镜

使用晕影滤镜可以出现图像周围的亮度或饱和度比中心区域低的现象，从而突出主体。

课堂举例 099 爱心戒指 视频文件：DVD\ 视频 \ 第 7 章 \7.3.6.MP4

效果展示

01 进入会声会影 X9，在故事板中插入素材图片，如图 7-58 所示。

02 在素材库中单击滤镜按钮 ，在滤镜素材库中，在画廊的下拉列表中选择"暗房"选项，如图 7-59 所示。

图 7-58 插入素材图片

图 7-59 选择"暗房"选项

03 在展开的素材库中，选择"晕影"滤镜，如图 7-60 所示，将其拖动到素材上。

04 在选项面板，单击"自定义滤镜"按钮，如图 7-61 所示。

图 7-60 选择"晕影"滤镜

图 7-61 单击"自定义滤镜"按钮

05 打开对话框，单击"镂空罩色彩"右侧的颜色块，如图 7-62 所示。

06 打开对话框，选择绿色中的第 2 种颜色，如图 7-63 所示。

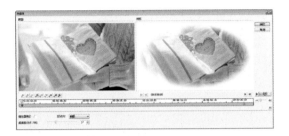

图 7-62 打开对话框

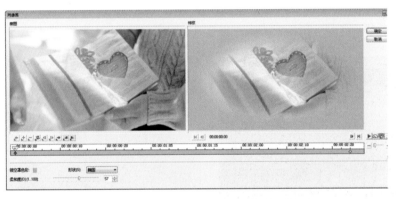

图 7-63 选择颜色

07 单击"确定"按钮，即可选择颜色，返回到对话框，修改柔和度为 57，如图 7-64 所示，单击"确定"按钮即可。

图 7-64 设置参数

7.3.7　NewBlue Titler EX 滤镜

NewBlue Titler EX 滤镜用于制作字幕效果。

课堂举例 **100** 梦幻婚礼　　　视频文件：DVD\ 视频 \ 第 7 章 \7.3.7.MP4

效果展示

01 进入会声会影 X9，在故事板中插入素材图片，如图 7-65 所示。

02 在"NewBlue Titler EX"素材库中，选择"NewBlue Titler EX"滤镜，如图 7-66 所示。将其拖到素材上。

图 7-65 插入素材图片

图 7-66 选择滤镜

03 在选项面板，单击"自定义滤镜"按钮，如图 7-67 所示。

04 弹出对话框，在预览区中，双击字幕，修改字幕内容，如图 7-68 所示。

图 7-67 单击"自定义滤镜"按钮

图 7-68 修改字幕内容

05 在对话框的左侧，单击"素材库"选项卡，并选择合适的字体样式，如图 7-69 所示。

06 在预览区的上方，修改字体为方正康体简体，字号为 16，如图 7-70 所示。

图 7-69 选择字体样式

图 7-70 单击"应用"按钮

07 单击 OK 按钮，即可在预览窗口中预览效果，如图 7-71 所示。

图 7-71 预览效果

7.4 应用标题滤镜

标题滤镜包括"气泡""云彩""色彩偏移""修剪""光芒""浮雕"等 27 种滤镜效果，如图 7-72 所示。

标题滤镜的使用方法和前面章节中讲过滤镜的使用方法相同，一般用于标题效果的制作，如图 7-73 所示，在这里就不过多地讲解，具体操作方法参考前面滤镜的操作方法。

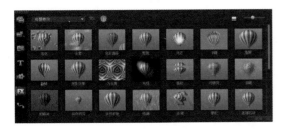

图 7-72 标题滤镜

图 7-73 应用标题滤镜

第4篇 后期编辑篇

第8章
主流字幕的制作

▶本章导读:◀

影片编辑完成后，还需要为影片制作标题、字幕等，这些文字可以有效地帮助观众理解影片。在会声会影X9中，用户可以自己创建字幕，也可以使用预设的字幕。本章将学习如何为影片创建制作，让剪辑的影片更具有视觉元素。

▶效果欣赏:◀

8.1 创建字幕

为影片添加字幕时，可以根据影片的需要创建字幕，也可以使用预设字幕。

8.1.1 添加预设字幕

会声会影 X9 素材库中提供了丰富的预设字幕，可以直接添加到标题轨道上，然后修改其文本内容即可。

 课堂举例 **101** 人间仙境　　　　　　　　　视频文件: DVD\ 视频 \ 第 8 章 \8.1.1.MP4

效果展示

01 进入会声会影 X9 编辑界面，添加视频素材到视频轨道上，如图 8-1 所示。

图 8-1 添加视频

02 单击素材库上标题按钮，切换至"标题"素材库，如图 8-2 所示。

图 8-2 单击"标题"按钮

专家提醒 + ⚡

在素材库中选中标题，按住鼠标左键，将其拖动到标题轨道上也可以添加标题。

03 选择所需要的标题样式，单击鼠标右键，执行【插入到】|【覆叠轨 #1】命令，如图 8-3 所示。

图 8-3 添加到标题轨道

04 标题插入到覆叠轨后，在预览窗口双击标题字幕，删除原有文字，输入文本"人间仙境"，如图 8-4 所示。单击导览面板中的"播放"按钮，即可预览最终效果。

图 8-4 输入文字

8.1.2 创建字幕

在会声会影中创建字幕的方法十分简单，只需将时间滑块拖至合适位置后，使用标题按钮，在预览窗口中双击鼠标即可进入字幕的输入框。

课堂举例 **102** 夏日回忆 视频文件：DVD\ 视频 \ 第 8 章 \8.1.2.MP4

效果展示

01 进入会声会影 X9 编辑界面，添加图像到视频轨上，如图 8-5 所示。

图 8-5 添加图像

02 单击"标题"按钮，在预览窗口中双击鼠标左键，输入文字"享受海滩"，如图 8-6 所示。

图 8-6 输入文字

03 在"编辑"面板中设置字体大小为 66，字体为黑体，颜色为红色，并单击"斜体"按钮，如图 8-7 所示。在预览窗口中调整文本的位置。

图 8-7 设置文字参数

04 双击预览窗口空白处，继续添加文字"夏日回忆"，并修改字体大小为 40、颜色为蓝色，取消倾斜，并调整文本的位置，如图 8-8 所示。操作完成后，单击导览面板中的"播放"按钮，即可预览文字。

图 8-8 添加第 2 个标题

8.1.3　单个标题与多个标题的转换

　　默认的标题为多个标题字幕，多个标题可以较为随意地添加多个标题，或修改标题的位置。除此之外，还可以将单个标题转换为多个标题。

课堂举例　**103**　**如诗如画**视频文件：DVD\ 视频 \ 第 8 章 \8.1.3.MP4

效果展示

01 进入会声会影 X9 编辑器，打开项目文件，如图 8-9 所示。

02 在预览窗口中选择需要转换为多个标题的标题字幕，如图 8-10 所示。

图 8-9　打开项目文件

图 8-10　选择标题字目

03 在"编辑"选项面板中，单击"多个标题"单选按钮，如图 8-11 所示。

04 弹出信息提示框，提示用户是否继续操作，如图 8-12 所示。

图 8-11　单击

图 8-12　弹出信息提示框

05 单击"是"按钮，即可将单个标题转换为多个标题，在预览窗口中调整字幕的大小和位置，如图 8-13 所示。

图 8-13 调整字幕大小及位置

8.1.4 转换文字为动画 /PNG

转换文字为动画 /PNG 是会声会影 X9 的新增功能。将文字转换为动画或图片后，可以使用动画或图片的功能。但需要注意的是当文字转换后则不可更改文字内容。

01 执行【文件】|【打开项目】命令，打开项目文件，如图 8-14 所示。

02 选择时间轴中的标题文件，单击鼠标右键，执行【将此帧转换为 PNG】命令，或执行【转换为动画】命令，如图 8-15 所示。

图 8-14 打开项目文件

图 8-15 执行命令

03 转换后的文件保存到素材库中，如图 8-16 所示。

图 8-16 保存到素材库

8.2 设置字幕样式

为影片添加标题内容后，程序会使用默认的格式。但是不同的影片对标题格式的要求有所不同，所以添加标题后还需要对标题的字体、字体大小、颜色、对齐方式等进行设置。

8.2.1　设置对齐方式

输入完标题后，用户可以根据需要，在选项面板中设置标题的对齐方式、方向等，使得字幕排列更加符合审美。

 104　诗意  视频文件：DVD\视频\第8章\8.2.1.MP4

效果展示

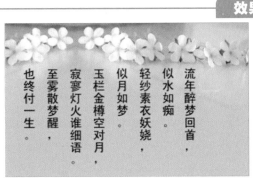 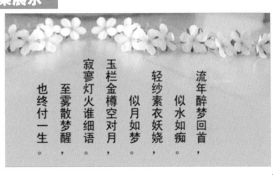

01 进入会声会影 X9 编辑界面，添加图像到视频轨中，如图 8-17 所示。

02 单击素材库上的"标题"按钮，预览窗口出现"双击这里可以添加标题"提示字样，如图 8-18 所示。

图 8-17　添加图像素材

图 8-18　标题处于编辑状态

03 在预览窗口输入文字，设置字体方向为垂直，文字为"居中"，如图 8-19 所示。

04 选中文字并在选项面板上单击"上对齐"按钮，如图 8-20 所示。

图 8-19　"居中"效果

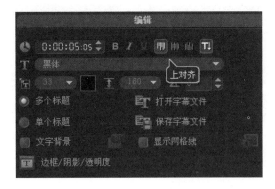

图 8-20　选择"上对齐"按钮

05 在预览窗口中就可以看到设置后的"上对齐"效果，如图 8-21 所示。

06 选中文字，在编辑面板上单击"下对齐"按钮，预览下对齐效果，如图 8-22 所示。

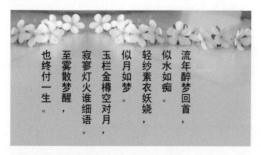

图 8-21 "上对齐"效果

图 8-22 "下对齐"效果

 8.2.2 设置字体属性

添加标题后，标题的字体、字体大小、颜色是可以根据用户的需要来进行设置的，设置完字体的属性后才能使字幕更为生动。

课堂举例 105 爱的标签　　视频文件：DVD\视频\第 8 章\8.2.2.MP4

效果展示

01 进入会声会影 X9 编辑界面，添加图像素材到视频轨道上，如图 8-23 所示。

02 单击素材库上的"标题"按钮，预览窗口出现"双击这里可以添加标题"提示字样，如图 8-24 所示。

图 8-23 添加图像素材

图 8-24 让标题处于编辑状态

03 双击预览窗口，输入文本，如图 8-25 所示。

图 8-25 添加图像素材

04 单击编辑面板上字体右侧的三角按钮，选择需要的字体，如图 8-26 所示。

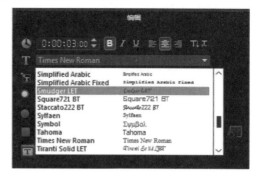

图 8-26 选择字体

05 在预览窗口中选择"2017.3.18"字段，在字体大小右侧的三角按钮，选择字号为 40，如图 8-27 所示。

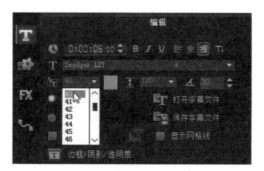

图 8-27 选择字体大小

06 分别选中字段，单击色彩框按钮，设置颜色，如图 8-28 所示。

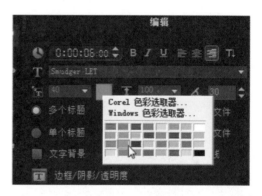

图 8-28 设置颜色

07 设置"按角度旋转"为 30，如图 8-29 所示，标题设置完成。

图 8-29 设置角度

08 在预览窗口中调整素材的位置，如图 8-30 所示。

图 8-30 调整素材位置

 **专家提醒**

文字处于编辑状态时，把鼠标放到文字四周的紫色控制点，当鼠标变成 形状时，按住拖动鼠标即可旋转标题。

8.2.3　更改文本显示方向

在"标题"选项卡中，用户可根据需要随意更改文本的显示方向，横向或竖向显示标题字幕。

　106　海的故事　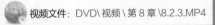　视频文件：DVD\ 视频 \ 第 8 章 \8.2.3.MP4

效果展示

01 进入会声会影 X9 编辑器，打开项目文件，如图
8-31 所示。

图 8-31 打开项目文件

02 在预览窗口中选择需要更改文本显示方向的标题
字幕，如图 8-32 所示。

图 8-32 选择标题字幕

03 在"编辑"选项面板中单击将"方向更改为垂直"
按钮 **T**，如图 8-33 所示。

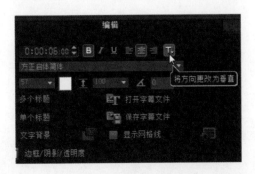

图 8-33 单击"将方向更改为垂直"按钮

04 执行操作后，将文本移至合适的位置，单击"播
放"按钮，即可预览更改的文本显示方向，如图 8-34
所示。

图 8-34 预览更改的文本显示方向

8.2.4 使用预设标题格式

会声会影 X9 中还为用户预设了标题格式，直接套用即可，下面介绍其操作方法。

课堂举例 **107** 热带风情 视频文件：DVD\视频\第 8 章 \8.2.4.MP4

01 进入会声会影 X9 编辑界面，添加图像"热带风情 .jpg"到视频轨道上，如图 8-35 所示。

02 单击素材库上的"标题"按钮，预览窗口出现"双击这里可以添加标题"提示字样，如图 8-36 所示。

图 8-35 添加图像素材

图 8-36 让标题处于编辑状态

03 双击预览窗口，输入文字为"热带风情"，如图 8-37 所示。

04 在"选项"面板上单击"选取标题样式预设值"按钮，选择倒数第 5 个预设格式。在预览窗口中调整素材的位置，如图 8-38 所示。

图 8-37 输入文字

图 8-38 预调整素材位置

8.3 | 设置标题属性

标题添加到影片里后，还可以设置标题的属性，让标题的风格与影片的风格相一致。

8.3.1 控制字幕播放时间

在轨道中添加标题后，标题的播放时间和视频轨道上的素材时间是相对应的，如果需要调整标题的播放时间，可以用以下两种方法。

课堂举例 108 茶道文化 视频文件: DVD\ 视频 \ 第 8 章 \8.3.1.MP4

效果展示

01 进入会声会影 X9 编辑界面，打开项目文件，如图 8-39 所示。

02 在时间轴中选中标题，双击鼠标左键，打开编辑面板，设置播放区间为 0: 00: 05: 00，如图 8-40 所示。

图 8-39 打开项目文件

图 8-40 设置播放区间

03 在时间轴中预览标题播放时间效果，如图 8-41 所示。

04 或者选中时间轴中的标题，把鼠标放到标题的边缘，当鼠标变成指针时，单击鼠标左键进行拖动，如图 8-42 所示。拖动标题到合适位置后，释放鼠标左键，即可调整标题播放时间。

图 8-41 预览标题播放时间效果

图 8-42 拖动标题

8.3.2　设置字幕边框

会声会影 X9 可以为标题添加边框，让标题更加醒目。

课堂举例　109　蘑菇物语　　视频文件: DVD\ 视频 \ 第 8 章 \8.3.2.MP4

效果展示

01 进入会声会影 X9 编辑界面，添加图像素材到视频轨中，如图 8-43 所示。

02 单击素材库中的"标题"按钮，预览窗口中显示"双击这里添加标题"提示字样，如图 8-44 所示。

图 8-43　添加图像素材

图 8-44　标题处于编辑状态

03 双击预览窗口，输入文本，设置字体为汉仪柏青体繁、字体大小为 80、颜色为白色，如图 8-45 所示。

04 在编辑面板中，单击"边框 / 阴影 / 透明度"按钮，如图 8-46 所示。

图 8-45　输入文本

图 8-46　单击"边框 / 阴影 / 透明度"按钮

05 在弹出的"边框/阴影/透明度"对话框中,勾选"外部边界"复选框,设置边框宽度为8、线条色彩为黑色,如图 8-47 所示。单击"确定"按钮。

06 在预览窗口即可查看标题设置效果,如图 8-48 所示。

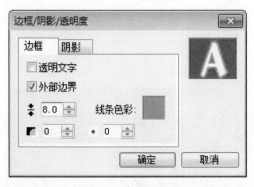

图 8-47 设置标题边框

图 8-48 查看标题效果

 专家提醒

用户还可以根据自己的需要将标题设置为透空文字,如图 8-49 所示。

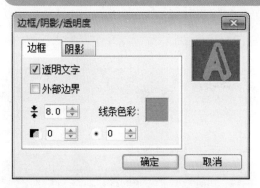

图 8-49 设置透空文字

8.3.3 设置字幕阴影

在会声会影 X9 中可以为标题添加阴影,使文字更加独具个性,下面介绍其操作方法。

课堂 举例 **110** 漂流瓶之旅　　 视频文件: DVD\ 视频 \ 第 8 章 \8.3.3.MP4

效果展示

01 进入会声会影 X9 编辑界面，添加图像素材到视频轨中，如图 8-50 所示。

图 8-50 添加图像素材

02 单击素材库上的"标题"按钮，在预览窗口中双击鼠标左键，输入文本为"漂流瓶之旅"，如图 8-51 所示。

图 8-51 输入文本

03 在编辑面板上，设置字体为方正少儿简体、字体大小为 64、颜色为白色，单击"边框 / 阴影 / 透明度"按钮，如图 8-52 所示。

图 8-52 设置标题属性

04 打开对话框，切换至"阴影"选项卡，选择"突起阴影"，修改颜色，如图 8-53 所示。单击"确定"按钮完成设置。单击导览面板中的"播放"按钮，预览标题效果。

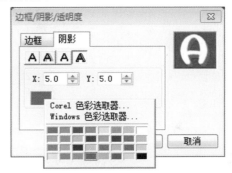

图 8-53 选择阴影效果

8.3.4 应用文字背景

在会声会影 X9 中可以为标题添加背景形状。用户可以添加椭圆、矩形、曲边矩形、圆角矩形等背景应用到标题中。

课堂 举例 **111** 触摸天空　　　视频文件：DVD\ 视频 \ 第 8 章 \8.3.4.MP4

效果展示

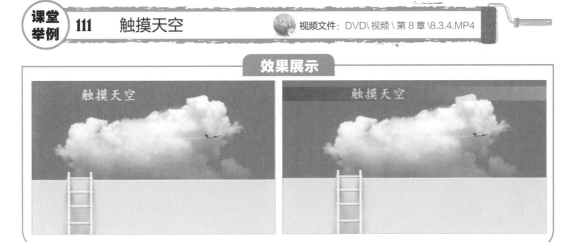

01 进入会声会影 X9 编辑界面，添加图像素材，如图 8-54 所示。

图 8-54 添加图像素材

02 单击素材库上的"标题"按钮，预览窗口出现"双击这里可以添加标题"提示字样，如图 8-55 所示。

图 8-55 提示字样

03 双击预览窗口，输入文字，打开选项面板，设置字体为楷体、字体大小为 40、颜色为白色，如图 8-56 所示。

图 8-56 输入文本

04 选中"文字背景"，单击"自定义文字背景的属性"按钮，如图 8-57 所示。

图 8-57 设置参数

05 弹出"文字背景"对话框，单击"单色背景栏"单选按钮，单击"渐变"单选按钮，设置颜色为蓝色到白色的渐变，"透明度"为 70，如图 8-58 所示。在导览面板中，单击"播放"按钮，查看添加背景效果。

图 8-58 设置属性

8.4 应用标题动画效果

标题格式设置完成后，还可以对标题应用动画效果。标题动画包括"淡化""弹出""翻转""飞行""缩放""下降"和"摇摆"等类型。

8.4.1 应用淡化效果—轻舞飞扬

"淡化"效果可以设置标题的淡入淡出效果,设置动画效果后可以使静态的文本动起来。

课堂举例 **112** 轻舞飞扬 视频文件:DVD\视频\第8章\8.4.1.MP4

效果展示

01 进入会声会影 X9 编辑界面,打开项目文件 "8.4.1.VSP",如图 8-59 所示。在时间轴中,选中标题,双击鼠标左键,打开属性面板。

02 在"属性"面板中勾选"应用"复选框,程序默认是"淡化"动画效果,只需要选择动画效果即可,在这里我们选择第 2 个预设动画,如图 8-60 所示。单击导览面板上的"播放"按钮,查看标题动画效果的应用。

图 8-59 打开项目文件

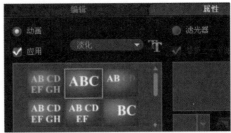

图 8-60 选择"淡化"动画

8.4.2 应用下降效果—蓝色意境

下降效果可以制作标题在运动的过程中由小到大,然后逐渐回到原来的位置中的效果。

课堂举例 **113** 蓝色意境 视频文件:DVD\视频\第8章\8.4.2.MP4

效果展示

01 进入会声会影 X9 编辑界面，打开项目文件 "8.4.2.VSP"，如图 8-61 所示。

02 选中标题，进入"属性"面板，勾选"应用"复选框，选择"下降"类别，并选择倒数第 3 个预设动画，如图 8-62 所示。单击导览面板上的"播放"按钮查看标题动画效果。

图 8-61 添加项目文件

图 8-62 选择第 3 个预设动画

8.4.3 应用摇摆效果—百花齐放

"摇摆"可以使标题以左右摇动的效果进入或退出视频画面中。在"摇摆"动画类别中提供了多种预设效果，用户可以根据需要选择不同的预设效果。

| 课堂举例 | **114** | **百花齐放** | 视频文件：DVD\ 视频 \ 第 8 章 \8.4.3.MP4 |

效果展示

01 进入会声会影 X9 编辑界面，打开项目文件 "8.4.3.VSP"，如图 8-63 所示。

02 选中标题，进入"属性"面板，勾选"应用"复选框，选择"摇摆"类别，并选择第 1 个预设动画，如图 8-64 所示。单击导览面板上的"播放"按钮查看标题动画效果。

图 8-63 打开项目文件

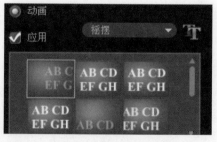

图 8-64 选择第 1 个预设动画

8.4.4 应用移动路径效果—生如夏花

"移动路径"可以使标题沿着指定的路径运动。在"移动路径"动画类别中包含了多种预设效果,用户可以根据需要选择不同的效果。

课堂举例 115 生如夏花 视频文件: DVD\ 视频 \ 第 8 章 \8.4.4.MP4

效果展示

01 进入会声会影 X9 编辑界面,打开项目文件 "8.4.4.VSP",如图 8-65 所示。

02 选中标题,进入"属性"面板,勾选"应用"复选框,选择"移动路径"类别,并选择第 3 预设动画,如图 8-66 所示。单击导览面板上的"播放"按钮查看标题动画效果。

图 8-65 打开项目文件

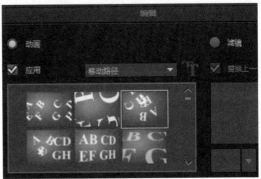
图 8-66 选择第 3 个预设动画

8.5 | 应用字幕编辑器

会声会影字幕编辑器可以根据视频或音频来进行字幕的编辑,使字幕与视频或音频同步统一,大大提高了用户制作字幕的工作效率。

课堂举例 116 美丽女孩 视频文件: DVD\ 视频 \ 第 8 章 \8.5.MP4

01 进入会声会影 X9 编辑界面，在视频轨中添加视频素材，单击时间轴上方的"字幕编辑器"按钮，如图 8-67 所示。

02 弹出"字幕编辑器"对话框，单击"扫描"按钮，如图 8-68 所示。

图 8-67 添加文件到轨道上

图 8-68 单击"扫描"按钮

03 系统将进行语言检测，如图 8-69 所示。

04 检测完成后，左侧的时间轨已分段显示了视频，右侧则根据音频定制了相应的字幕，如图 8-70 所示。

图 8-69 语言检测

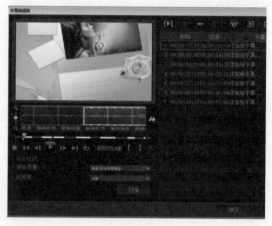

图 8-70 检测完成

05 选择第一条字幕项，在字幕列中双击鼠标，即可输入字幕，如图 8-71 所示。

06 根据需要，输入相应的文字。并分别设置其他的字幕，如图 8-72 所示。

图 8-71 双击鼠标

图 8-72 输入字幕

07 此时的预览窗口中显示了字幕的效果，如图 8-73 所示。

08 单击"确定"按钮完成字幕的编辑，如图 8 -74 所示。

图 8-73 预览字幕

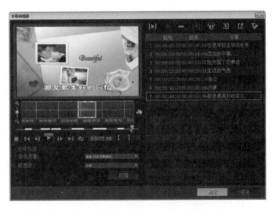

图 8-74 单击"确定"按钮

09 在时间轴的标题轨中，添加在字幕编辑器中编辑的字幕，如图 8-75 所示。

10 在预览窗口中可预览添加字幕的效果，如图 8-76 所示。

图 8-75 标题轨

图 8-76 预览字幕效果

第9章
强大的音频效果

▶本章导读:◀

在视频编辑中，声音是影片不可缺少的元素，它可以对画面起到画龙点睛的作用，也可以增加画面的可视听性。本章将详细讲解音频文件的编辑及使用方法。

。

▶效果欣赏:◀

9.1 添加与删除音频

标题添加到影片里后，还可以设置标题的属性，让标题的风格与影片的风格相一致。

9.1.1 添加音频

从素材库中添加音频文件是最常用的添加音频的方法，会声会影 X9 音频库中预设了多种音频素材。用户也可以将自己常用的音频素材添加到素材库中再进行添加，方便使用时能够快速查找。

课堂举例 117 添加音频 视频文件：DVD\ 视频 \ 第 9 章 \9.1.1.MP4

01 进入会声会影 X9 编辑界面，单击素材库"隐藏视频"和"隐藏照片"按钮，仅显示音频素材，如图 9-1 所示。

02 在音频素材库中选择要添加的音频文件，将其拖曳到音乐轨上即可完成音频添加，如图 9-2 所示。

图 9-1 显示音频素材

图 9-2 添加音频文件

9.1.2 添加自动音乐

会声会影 X9 中的"自动音乐"是程序当中自带的一个音频库，同一种音乐可以变换多种风格供用户选择。

课堂举例 118 添加自动音乐 视频文件：DVD\ 视频 \ 第 9 章 \9.1.2.MP4

01 进入会声会影 X9 编辑界面，单击时间轴面板上的"自动音乐"按钮，如图 9-3 所示。

02 弹出如图 9-4 所示的"自动音乐"面板。

图 9-3 单击"自动音乐"按钮

图 9-4 "自动音乐"面板

03 在"类别"选项中选择一种类别，在"歌曲"选项中选择歌曲，在"版本"选项中选择版本，如图 9-5 所示。

04 单击"播放选中的歌曲"按钮，试听音乐，如图 9-6 所示。

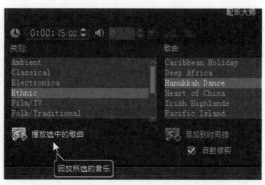

图 9-5 选择

图 9-6 播放选中的歌曲

05 单击"停止"按钮，取消"自动修整"复选框勾选，单击"添加到时间轴"按钮，如图 9-7 所示。

06 音乐自动添加到音乐轨上，如图 9-8 所示。

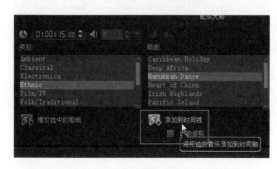

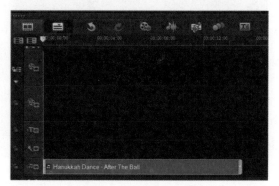

图 9-7 添加到时间轴

图 9-8 显示添加自动音乐

9.1.3 录制画外音

影片制作完成后，有时需要解说词，或者旁白等画外音，这时候就需要录制音频文件，然后将录制的音频文件添加到视频中合适的位置即可。

课堂举例 119 录制画外音   视频文件：DVD\ 视频 \ 第 9 章 \9.1.3.MP4

01 将录音用的话筒与计算机进行连接，在桌面右下角右击喇叭图标，在弹出的菜单中选择"录音设备"选项，如图 9-9 所示。

02 弹出"声音"对话框，选择"麦克风"选项，如图 9-10 所示。

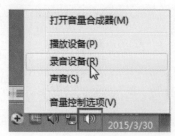

图 9-9 选择"录音设备"选项

图 9-10 选择"麦克风"选项

03 单击"确定"按钮，关闭对话框。返回到会声会影X9界面，单击时间轴面板上方的"录制/捕获选项"按钮 ，如图9-11所示。

04 弹出"录制/捕获选项"对话框，单击"画外音"选项，如图9-12所示。

图9-11 单击"录制/捕获选项"按钮

图9-12 录制画外音

05 弹出"调整音量"对话框，单击"开始"按钮，如图9-13所示，即可进行录音。

06 录音完成后按空格键停止，在声音轨上即可显示刚录制的音频，如图9-14所示。

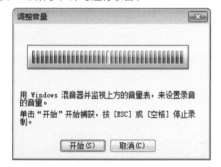

图9-13 单击"开始"按钮

图9-14 显示录制音频

9.1.4 删除音频

如果不再需要添加音频文件时，则可以将其删除。删除音频文件的方法很简单，可以使用右键的快捷菜单，也可以直接按Delete键删除。

 120 夏天　　　视频文件：DVD\视频\第9章\9.1.4.MP4

01 进入会声会影X9编辑界面，打开项目文件，如图9-15所示。

02 在音乐轨道上选中音乐素材，单击鼠标右键，在弹出的菜单中选择"删除"选项，如图9-16所示。

图9-15 打开项目文件

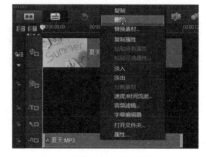

图9-16 单击"删除"选项

在时间轴中，显示删除音频后的效果，如图 9-17 所示。

图 9-17 显示删除后音频效果

选中音频文件，按键盘上的 Delete 键可以快速删除音频文件。

9.2 | 分割音频

在编辑影片时，有时需要将视频中的音频文件进行分离，然后再进行下一步编辑。本节即介绍分割音频文件的方法。

9.2.1 影音分离

如果需要将音频文件从视频当中分离出来，并对音频文件进行调整或替换，这时就需要从视频当中分离音频。

课堂举例 **121 美食篇**　　　　　　　　　　视频文件：DVD\ 视频 \ 第 9 章 \9.2.1.MP4

01 进入会声会影 X9 编辑界面，添加视频文件素材"美食篇 .mpg"，如图 9-18 所示。

02 在时间轴中，选中视频文件，双击鼠标左键，如图 9-19 所示。

图 9-18 添加视频文件素材

图 9-19 双击视频素材

03 在视频面板上单击"分割音频"按钮，如图 9-20 所示。

04 在时间轴视图中，音频就会从视频中分离到音频轨道，如图 9-21 所示。

图 9-20 单击"分割音频"按钮

图 9-21 分离音频文件

9.2.2 分割音频

如果导入的音频文件太长或者不需要用到某部分音频,这时候就需要分割音频文件来达到想要的音频效果。

课堂举例 122 分割音频文件

视频文件: DVD\ 视频 \ 第 9 章 \9.2.2.MP4

01 进入会声会影 X9 编辑界面,在音频轨道上添加音频素材"9.2.2.mp3",拖动滑块到需要分割音频的地方,如图 9-22 所示。

图 9-22 添加音频素材

02 单击导览面板上的"根据滑块位置分割素材"按钮 ,如图 9-23 所示。

图 9-23 拖动滑块到分割位置

03 在音频轨道上,音频素材被分割成两段,如图 9-24 所示。

专家提醒

双击音频轨道音乐,单击鼠标右键,在弹出的菜单中选择"分割素材"选项,也可以分割音频素材。

图 9-24 被分割后的音频

9.3 调整音频

为影片添加音频文件时可以根据不同的需要来对音频文件进行相应的调整,本节介绍调整音频文件的方法。

9.3.1 音频淡入淡出

添加音频素材后,可以对音频素材设置淡入、淡出的效果,从而使音频文件的过渡更为自然。

课堂举例 123 淡入淡出音频

视频文件: DVD\ 视频 \ 第 9 章 \9.3.1.MP4

01 进入会声会影 X9 编辑界面,打开项目文件,选中音频文件,双击鼠标左键,如图 9-25 所示。

02 在弹出的"音乐和声音"面板上分别单击"淡入"和"淡出"按钮,如图 9-26 所示。

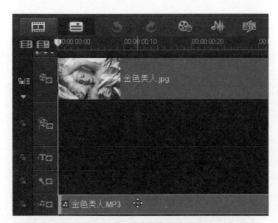

图 9-25 打开项目文件

图 9-26 单击按钮

03 单击时间轴上方的"混音器"按钮 ，在音频轨上显示淡入、淡出音轨曲线，如图 9-27 所示。

图 9-27 显示音轨曲线

9.3.2 调节音频音量

为影片添加音频后，可以根据需要对整个音频的音量进行调节。

课堂举例 **124 享受音乐** 视频文件：DVD\ 视频 \ 第 9 章 \9.3.2.MP4

01 进入会声会影 X9 编辑界面，打开项目文件，在时间轴中，选中音频文件，双击鼠标左键，如图 9-28 所示。

02 在"音乐和声音"选项面板中，调节素材音量为 50，如图 9-29 所示，可降低音频文件的音量，用作背景音乐。

图 9-28 双击音频文件

图 9-29 调节素材音量

9.3.3 使用调节线

音量调节线是轨中央的水平线条，在音频视图中可以看到。使用调节线可以添加关键帧，关键帧的高低决定该处音频文件的音量，这样更便于用户编辑制作音乐效果。

| 课堂举例 | 125 | 美好生活 | 视频文件：DVD\ 视频 \ 第 9 章 \9.3.3.MP4 |

01 进入会声会影 X9 编辑界面，打开项目文件"9.3.3.VSP"，如图 9-30 所示。

图 9-30 打开项目文件

02 选择音乐素材，在工具栏上单击"混音器"按钮，如图 9-31 所示。

图 9-31 单击"混音器"按钮

03 将鼠标放到音量调节线上，鼠标变成箭头形状，如图 9-32 所示。

图 9-32 鼠标变成箭头形状

04 单击音量调节线并向上拖动，如图 9-33 所示。

图 9-33 向上拖动音量调节线

05 释放鼠标，在另一处单击并向下拖动音量调节线，如图 9-34 所示。

图 9-34 向下拖动音量调节线

06 释放鼠标，再次添加关键帧并向上拖动音量调节线，如图 9-35 所示，即可完成用音量调节线调节音量的高低。

图 9-35 向上拖动音量调节线

9.3.4 重置音量

如果用音量调节线调节完成后，如果用户对当前设置不满意，还可以将音量调节线恢复到原始状态。

课堂举例 126 恢复音量调节线  视频文件：DVD\ 视频 \ 第 9 章 \9.3.4.MP4

01 选择需要重置的音频素材，单击鼠标右键，在弹出的快捷菜单中执行【重置音量】命令，如图 9-36 所示。

02 完成操作后，即可恢复音量调节线至原始状态，如图 9-37 所示。

图 9-36 执行【重置音量】命令

图 9-37 恢复音量调节线至原始状态

9.3.5 调节左右声道

打开混音器后，在"环绕混音"面板中可以分别调整左右声道，使左声道与右声道的播放音频区别开来。

课堂举例 127 调节左右声道 视频文件：DVD\ 视频 \ 第 9 章 \9.3.5.MP4

01 在"环绕混音"面板中单击"播放"按钮，如图 9-38 所示，播放所选择的音乐。

02 向左拖曳"环绕混音"面板中的红色图标，至合适位置后释放鼠标左键，即可调节音频素材的左声道，如图 9-39 所示。

图 9-38 单击"播放"按钮

图 9-39 调节音频素材的左声道

03 向右拖曳"环绕混音"面板中的红色图标，至合适位置释放鼠标左键，即可调节音频素材的右声道，如图 9-40 所示。

04 此时，音乐轨中的音频素材上即已添加了许多关键帧，如图 9-41 所示。

图 9-40 调节音频素材的右声道

图 9-41 添加关键帧

9.3.6 音频闪避

音频闪避是会声会影 X9 新增功能。通过检测音频或旁白，来自动降低背景声音的音量。

 课堂举例 128　音频闪避  视频文件：DVD\ 视频 \ 第 9 章 \9.3.6.MP4

01 在视频轨中添加视频素材，在音乐轨中添加声音素材，如图 9-42 所示。

02 选择音乐轨中的素材，单击鼠标右键，执行【音频调节】命令，如图 9-43 所示。

图 9-42 添加素材

图 9-43 执行【音频调节】命令

03 弹出对话框，设置敏感度参数为 25，如图 9-44 所示。

04 单击"确定"按钮，此时的时间轴切换至混音器视图，音乐轨中的素材自动进行了音量调节，如图 9-45 所示。

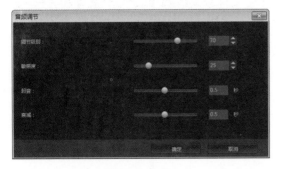

图 9-44 设置

图 9-45 自动调节

9.4 应用音频滤镜

本节通过音频制作实例，介绍常用音频滤镜的使用方法和应用效果，让用户更快地掌握音频滤镜的使用。

9.4.1 应用放大音频滤镜

在会声会影 X9 中，"放大"音频滤镜是对音频文件添加放大效果，例如电闪雷鸣的效果。

课堂举例 129 电闪雷鸣  视频文件：DVD\ 视频 \ 第 9 章 \9.4.1.MP4

01 在会声会影 X9 编辑器中，打开项目文件"9.4.1.VSP"，如图 9-46 所示。

02 选中音频文件，单击"选项"按钮，在弹出的音乐和声音面板中，单击"音频滤镜"按钮，如图 9-47 所示。

图 9-46 打开项目文件

图 9-47 单击"音频滤镜"按钮

03 在弹出的"音频滤镜"对话框中，选择"放大"滤镜，单击"添加"按钮，如图 9-48 所示。

04 单击"确定"按钮，即可添加所选择的滤镜效果到音频文件上，如图 9-49 所示。单击导览面板中的"播放"按钮，即可试听"放大"滤镜效果。

图 9-48 单击"音频滤镜"按钮

图 9-49 音频滤镜添加到音频中

9.4.2 应用长回声音频滤镜

在会声会影 X9 中，长回声音频滤镜是指对音频文件添加音频长回音效果，例如山歌回音，奶牛叫声等。

课堂举例 130 回音缭绕 视频文件：DVD\视频\第9章\9.4.2.MP4

01 在会声会影 X9 编辑器中，打开项目文件"9.4.2.VSP"，如图 9-50 所示。

02 选中音频文件，单击"选项"按钮，在弹出的音乐和声音面板中，单击"音频滤镜"按钮，如图 9-51 所示。

图 9-50 添加项目文件

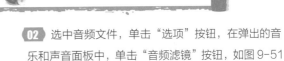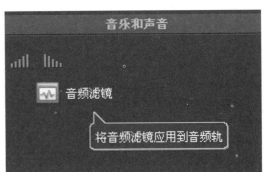

图 9-51 单击"音频滤镜"按钮

03 在弹出的"音频滤镜"对话框中，选择"长回声"滤镜，单击"添加"按钮，如图 9-52 所示。

04 单击"确定"按钮，即可添加所选择的滤镜效果到音频文件上，如图 9-53 所示。单击导览面板中的"播放"按钮，即可试听"长回声"滤镜效果。

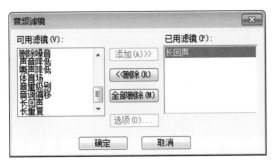

图 9-52 添加"长回声"滤镜

图 9-53 音频滤镜添加到音频中

第10章
输出与共享

▶ 本章导读：◀

影片制作完成后，为了能与更多人分享，需要将影片创建成视频文件，然后发布到网站共享，或者刻录成光盘等。会声会影 X9 中提供了多种导出方式，用户可以根据自己的需要来创建影片格式。

▶ 效果欣赏：◀

10.1 创建视频文件

编辑完成的影片需要创建成视频文件，然后用于分享。单击分享面板中的"创建视频文件"按钮，可以把编辑完成的项目文件创建成视频格式文件。

10.1.1 输出整部影片

输出整部影片是将编辑完成的影片输出成视频文件，以便于观赏。

课堂举例 131　周末郊游　 视频文件: DVD\视频\第 10 章\10.1.1.MP4

效果展示

01 进入会声会影 X9 编辑界面，打开项目文件"10.1.1.VSP"，如图 10-1 所示。

02 单击"共享"按钮，切换到共享步骤面板，如图 10-2 所示。

图 10-1 打开项目文件

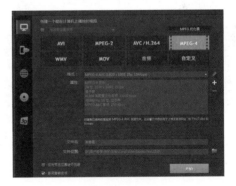

图 10-2 输出面板

03 单击"自定义"选项按钮，如图 10-3 所示。

04 在"格式"下拉列表中选择文件格式，并设置文件名称及文件存储路径，如图 10-4 所示。

图 10-3 单击"自定义"选项

图 10-4 设置文件名称和文件路径

05 单击"开始"按钮,显示渲染文件进度,渲染完成后弹出提示对话框,单击"确定"按钮,如图10-5所示。

图 10-5 渲染文件

06 单击步骤面板上的"编辑"步骤,在素材库中可以查看输出完成的影片,如图10-6所示。

图 10-6 保存到素材库

 专家提醒

输出的文件可以分享给亲朋好友。

10.1.2 输出部分影片

用户编辑好影片后,若只需要其中的一部分影片,可以先指定影片的输出范围,然后输出指定部分视频。

课堂举例 **132** **消暑饮品**　视频文件: DVD\视频\第10章\10.1.2.MP4

效果展示

01 进入会声会影X9编辑界面,打开项目文件"10.1.2.VSP",在导览面板中拖动滑块到指定开始位置,并单击"开始标记"按钮,如图10-7所示。

图 10-7 单击"开始标记"按钮

02 在导览面板上继续拖动滑块到指定结束位置,并单击"结束标记"按钮,如图10-8所示。

图 10-8 单击"结束标记"按钮

03 单击"共享"按钮,切换至共享面板,单击"自定义"选项,如图 10-9 所示。

图 10-9 单击"自定义"选项

04 设置文件名称及位置,勾选"仅建立预览范围"复选框,如图 10-10 所示。

图 10-10 设置文件名称及位置

05 单击"开始"按钮,显示视频渲染进度,如图 10-11 所示。弹出提示对话框,单击"确定"按钮。

图 10-11 显示视频渲染进度

06 进入"编辑"面板,渲染完成的影片会自动保存到素材库中,如图 10-12 所示,单击"播放"按钮,预览输出影片。

图 10-12 素材库

 专家提醒

除用滑块标记指定预览范围外,还可直接拖动"修整标记"来指定预览范围。

10.1.3 创建宽屏视频

屏幕的高宽比分为 4:3 和 16:9 两种,用户可以自行选择。

课堂举例 133 冬季滑雪　　视频文件: DVD\视频\第 10 章\10.1.3.MP4

 效果展示

01 进入会声会影 X9 编辑界面，打开项目文件
"10.1.3.VSP"，如图 10-13 所示。

02 单击"共享"按钮，切换到"共享"步骤面板，
单击"自定义"按钮，如图 10-14 所示。

图 10-13 打开项目文件

图 10-14 单击"自定义"按钮

03 单击格式后的"选项"图标 ⚙，如图 10-15 所示。

04 在弹出的"选项"对话框中设置宽高比即可，如
图 10-16 所示。单击"确定"按钮后即可对其进行
输出渲染。

图 10-15 单击"选项"图标

图 10-16 设置宽高比

10.2 | 创建独立文件

会声会影 X9 可以将编辑完成的影片输出为单独的视频（无音频）或
独立的音频，方便再次编辑影片时，添加配音或背景音乐用。

10.2.1 创建声音文件

在会声会影 X9 中，可以将影片中的音频文件创建为独立的音频文件。

课堂举例 **134** 诗意生活

 视频文件: DVD\视频\第 10 章\10.2.1.MP4

效果展示

01 进入会声会影 X9 编辑界面，打开项目文件
"10.2.1.VSP"，如图 10-17 所示。

02 单击"共享"按钮，切换到"共享"步骤面板，
单击"音频"按钮，如图 10-18 所示。

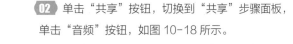

图 10-17 打开项目文件

图 10-18 单击"音频"按钮

03 输入文件名称，并设置存储路径，单击"开始"按钮，
如图 10-19 所示。

04 输出完成的音频文件自动保存到素材库中，如图
10-20 所示，音频文件输出完成。

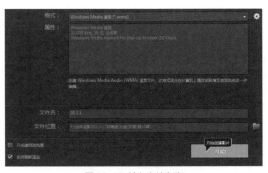

图 10-19 输入文件名称

图 10-20 保存到素材库

10.2.2 创建独立视频

有时需要去除影片中的声音，单独保存视频部分，以便添加背景音乐或配音。

效果展示

01 进入会声会影 X9 编辑界面，打开项目文件，如图 10-21 所示。

02 单击"共享"按钮，切换到"共享"步骤面板，单击"创建自定义配置文件"按钮，如图 10-22 所示。

图 10-21 打开项目文件

图 10-22 单击"创建自定义配置文件"按钮

03 弹出"新建配置文件选项"对话框，单击"常规"选项卡，如图 10-23 所示。

04 打开"数据轨"下拉列表，选择"只有视频"选项，如图 10-24 所示。

图 10-23 单击"选项"按钮

图 10-24 选择"只有视频"选项

05 单击"确定"按钮。单击"开始"按钮，显示渲染文件进度，如图 10-25 所示。

06 渲染完成后，在"编辑"步骤的素材库中显示文件，如图 10-26 所示，播放可以发现视频只有画面没有音频。

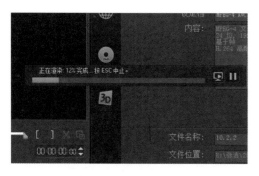

图 10-25 显示渲染文件进度

图 10-26 素材库

10.3 轻松在线共享

会声会影 X9 提供了多种导出方式，用户可以根据需要来进行操作。

10.3.1 DV 录制

会声会影 X9 可以把编辑完成的影片直接回录到 DV 机上，下面介绍其操作步骤。

课堂举例 **136** DV 录制　　　　视频文件: DVD\ 视频 \ 第 10 章 \10.3.1.MP4

01 将 DV 与计算机相连接，进入会声会影编辑界面。单击"共享"按钮，在共享面板上，单击"设备"按钮，如图 10-27 所示。

02 输入文件名称并设置保存位置，如图 10-28 所示，单击"开始"按钮即可。

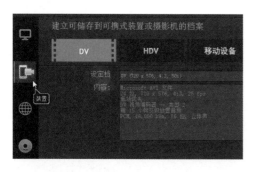

图 10-27 单击"设备"按钮

图 10-28 输入文件名称并设置保存位置

10.3.2 导出为 HTML5 网页

利用网络来分享视频文件已经是很普遍的方式，会声会影 X9 可以将制作好的视频文件保存为网页。

课堂 举例 **137 蓝天大海** 视频文件: DVD\视频\第 10 章 \10.3.2.MP4

效果展示

01 进入会声会影 X9 编辑界面，执行【文件】|【新建 HTML5 项目】命令，如图 10-29 所示。

02 在背景轨中添加 4 张素材图片，并添加随机转场效果，如图 10-30 所示。

图 10-29 执行"新建 HTML5 项目"命令

图 10-30 单击选项

03 单击"共享"按钮，切换至"共享"步骤面板，单击"HTML5 文件"按钮，如图 10-31 所示。

04 在右侧对参数进行设置，然后单击"开始"按钮，如图 10-32 所示。

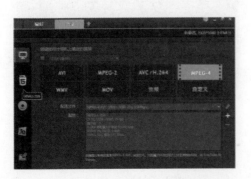

图 10-31 创建 HTML5 文件

图 10-32 单击"开始"按钮

05 渲染输出后弹出提示对话框，单击"确定"按钮，如图 10-33 所示。

06 执行操作后，弹出网页所在文件夹，双击即可打开网页，如图 10-34 所示，单击"播放"按钮即可预览网页效果。

图 10-33 单击"确定"按钮

图 10-34 查看网页效果

专家提醒

制作网页的视频格式可以是 MPG、WMV、MP4 等多种格式。

10.4 输出智能包

在编辑影片时，有时候是从不同的文件夹中添加视频素材或图片素材，一旦这些文件夹移动了位置，程序就可能找不到素材文件，就需要重新进行素材链接。

智能包的用处就是将项目文件中使用的所有素材，整理到指定的文件夹中。即使是在另外一台计算机上编辑此项目，只要打开这个文件夹中的项目文件，素材就会自动链接，您就可以不必再为丢失素材而苦恼了。

课堂举例 **138** 相约春天

视频文件：DVD\ 视频 \ 第 10 章 \10.4.MP4

效果展示

01 进入会声会影 X9 编辑界面，打开项目文件"10.4.VSP"，如图 10-35 所示。

02 执行【文件】|【智能包】命令，如图 10-36 所示。

图 10-35 打开项目文件

图 10-36 执行【文件】|【智能包】命令

03 弹出保存当前项目提示对话框，单击"是"按钮，如图 10-37 所示。

04 弹出"智能包"对话框，选择文件保存路径，并输入文件名称，如图 10-38 所示。

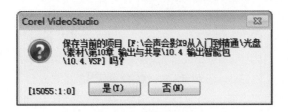

图 10-37 提示对话框

图 10-38 "智能包"对话框

专家提醒

在"智能包"对话框中可选择将文件打包为文件夹或者压缩包。

05 单击"确定"按钮，项目进行压缩后弹出提示对话框，如图 10-39 所示。

06 单击"确定"按钮，进入项目路径下即可查看智能包，如图 10-40 所示。

图 10-39 提示对话框

图 10-40 查看智能包

10.5 创建光盘

输出影片后，在会声会影 X9 中就可以直接刻录成光盘，便于永久保存或邮寄给远方的亲朋好友，让他们一起来分享您所制作的影片。

课堂举例 139 生活相册　　　视频文件: DVD\ 视频 \ 第 10 章 \10.5.MP4

效果展示

01 影片编辑完成后，单击共享面板上"光盘"按钮，如图 10-41 所示。

02 在右侧有四种存储方式可供选择，单击"DVD"按钮，打开对话框，如图 10-42 所示。

图 10-41 单击"光盘"按钮

图 10-42 打开对话框

03 单击"下一步"按钮，进入到"菜单和预览"步骤，如图 10-43 所示。

04 在左侧的画廊下选择一个智能场景，如图 10-44 所示。

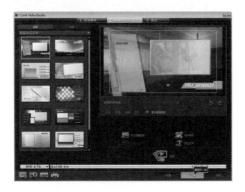

图 10-43 "菜单和预览"步骤

图 10-44 选择智能场景

05 在右侧的预览窗口中双击文本，修改文本内容，调整视频素材的大小，如图 10-45 所示。

06 在预览窗口下方单击"预览"按钮，如图 10-46 所示。

图 10-45 修改文本内容

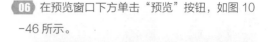

图 10-46 单击"预览"按钮

07 在预览步骤中预览修改后的效果，如图 10-47 所示。

08 单击"后退"按钮，返回"菜单和预览"步骤，单击"下一步"按钮，进入"输出"步骤，如图 10-48 所示。

图 10-47 预览效果

图 10-48 "输出"步骤

09 单击"展开更多输出选项"按钮，对文件夹路径进行设置，如图 10-49 所示。单击"刻录"按钮，即可对光盘进行刻录。

图 10-49 设置路径

10.6 导出到移动设备

会声会影可以将制作完成的影片导出到 iPod、iPhone、PSP、移动电话等移动设备中，更方便您以这些方式来进行欣赏。

课堂举例 **140** 缤纷夏日　　　　　　 视频文件：DVD\视频\第 10 章\10.6.MP4

效果展示

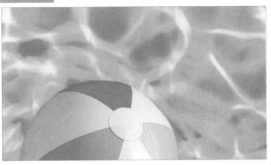

01 将移动设备与计算机连接，使计算机正确识别移动设备。进入会声会影 X9 编辑界面，打开项目文件"10.6.VSP"，如图 10-50 所示。

02 单击"共享"按钮，切换到"共享"步骤面板，单击"设备"按钮，如图 10-51 所示。

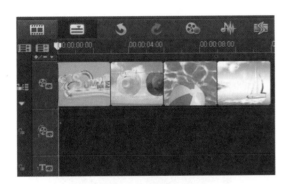

图 10-50 打开项目文件

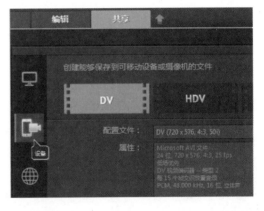

图 10-51 单击"设备"按钮

03 单击"移动设备"按钮，输入文件名及文件位置，如图 10-52 所示。

04 单击"开始"按钮，渲染完成后，完成的影片会自动保存到素材库中，如图 10-53 所示。

图 10-52 单击"移动设备"按钮

图 10-53 保存到素材库中

10.7 | 导出为 3D 影片

会声会影 X9 可以将制作完成的影片导出为 3D 影片，使用会声会影配有的 3D 眼镜能享受更具冲击力的视频特效。

课堂举例 **141** 动物世界　　 视频文件：DVD\ 视频 \ 第 10 章 \10.7.MP4

效果展示

01 进入会声会影 X9 编辑界面，打开项目文件 "10.7.VSP"，如图 10-54 所示。

02 单击"共享"按钮，进入"共享"面板，单击"3D"按钮，如图 10-55 所示。

图 10-54 打开项目文件

图 10-55 单击"3D"按钮

03 在建立 3D 视频文件列表中对各参数进行设置，包括选择"红蓝 3D"或"左右 3D"，如图 10 -56 所示。

04 单击"开始"按钮后，视频渲染输出，最终 3D 效果如图 10-57 所示。

图 10-56 设置参数

图 10-57 最终效果

第5篇 案例实战篇

第11章

婚纱相册——真爱永恒

▶本章导读:◀

　　婚姻是爱情的见证，穿着婚纱步入婚姻的殿堂是一件多么幸福的事情。我们何不将这份幸福保存、分享给亲朋好友，让大家一起见证这美好的时刻呢？

　　本章将发挥会声会影 X9 的潜力，综合运用会声会影的各项功能，动手制作一个精彩的婚纱相册。

▶效果欣赏:◀

11.1 制作片头

 视频文件: DVD\视频\第11章\11.1.MP4

片头是影片的序幕好的片头能吸引观众进入剧情也能达到渲染气氛的效果。本节将制作婚纱相册的片头。

11.1.1 添加片头素材

01 启动会声会影X9,在视频轨中添加素材(DVD\素材\第11章\背景1.jpg),如图11-1所示。

02 展开选项面板,设置区间参数为15秒,在"重新采样选项"的下拉列表中选择"保持宽高比(无宽屏幕)"选项,如图11-2所示。

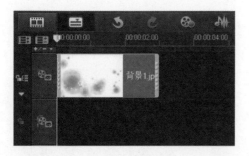

图11-1 添加素材

图11-2 设置参数

03 在覆叠轨中6秒的位置,单击鼠标右键,执行【插入照片】命令,添加素材(DVD\素材\第11章\装饰1.png),如图11-3所示。

04 选中素材,设置素材的区间参数为2秒。展开选项面板,单击"淡入动画效果"按钮,如图11-4所示。

图11-3 添加素材图片

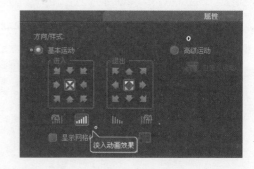

图11-4 单击"淡入动画效果"按钮

05 在预览窗口中调整素材的大小及位置，如图 11-5 所示。

06 在覆叠轨 2 中，插入照片素材（DVD\ 素材 \ 第 11 章 \ 装饰 2.png），拖动素材区间到 8 秒的位置，然后在预览窗口中单击鼠标右键，执行【调整到屏幕大小】命令，如图 11-6 所示。

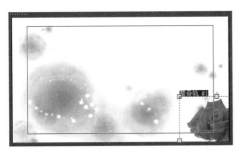

图 11-5 调整素材的大小及位置

图 11-6 执行【调整到屏幕大小】命令

11.1.2 制作动画效果

01 在素材库中单击"滤镜"按钮 FX，选择"视频摇动和缩放"滤镜，如图 11-7 所示。

02 将滤镜拖动到覆叠轨 2 中的素材上，进入选项面板，单击"自定义滤镜"按钮，如图 11-8 所示。

图 11-7 选择"视频摇动和缩放"滤镜

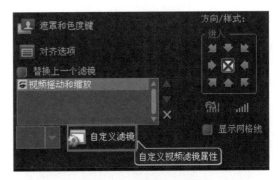

图 11-8 单击"自定义滤镜"按钮

03 弹出"摇动和缩放"对话框，设置第一帧的"缩放率"参数为 1000，并在左侧原图窗口中调整控制点位置，如图 11-9 所示。

04 选择最后一帧，设置缩放率参数为 125，并调整控制点的位置，如图 11-10 所示。单击"确定"按钮完成设置。

图 11-9 设置第 1 帧参数

图 11-10 设置第 2 帧的参数

05 在素材库中单击"图形"按钮 █，在"画廊"的下拉列表中选择"Flash动画"选项，选择条目"FL-F11.swf"，如图11-11所示。将其拖入到覆叠轨3中两次。

06 将Flash素材"MotionF45"添加到覆叠轨4中3次，如图11-12所示。

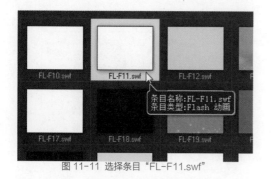

图 11-11 选择条目"FL-F11.swf"

图 11-12 添加 Flash 素材

11.1.3 制作片头字幕

01 在覆叠轨5中单击鼠标，然后单击素材库中"标题"按钮 █，在预览窗口中双击鼠标左键，输入字幕内容，如图11-13所示。

02 在"编辑"选项面板中，设置字体为方正行楷简体，字体大小为57，字体颜色为白色，如图11-14所示。

图 11-13 输入字幕内容

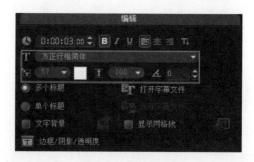

图 11 14 设置字幕参数

03 切换至"属性"面板，单击"动画"单选按钮，在"淡化"下选择第一个动画效果，如图11-15所示。

04 在导览面板中调整标题动画的暂停区间，如图11-16所示。

图 11-15 选择第一个动画效果

图 11-16 调整暂停区间

05 选中覆叠轨 5 中的标题素材，将其复制并粘贴到原素材的后面。在预览窗口中修改字幕内容，如图 11-17 所示。

图 11-17 修改字幕内容

07 在导览面板中调整动画的暂停区间，如图 11-19 所示。

图 11-19 调整暂停区间

09 在预览窗口中双击鼠标左键，修改字幕为"2017"，修改动画为"淡化"类别，选择第一个动画效果，单击"自定义动画属性"按钮，如图 11-21 所示。

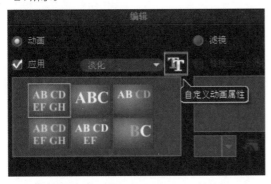

图 11-21 单击"自定义动画属性"按钮

06 进入"属性"面板，在"选取动画类型"的下拉列表中选择"移动路径"选项，如图 11-18 所示。

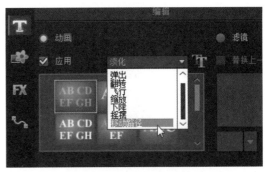

图 11-18 选择"移动路径"选项

08 选中覆叠轨 5 中的素材 2，将其复制并粘贴到覆叠轨 6 中相同的位置，如图 11-20 所示。

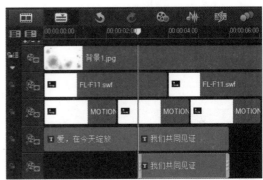

图 11-20 粘贴素材

10 进入"淡化动画"对话框，在"淡化样式"选项组中单击"交叉淡化"单选按钮，如图 11-22 所示。

图 11-22 单击"交叉淡化"单选按钮

11 单击"确定"按钮完成设置。在预览窗口中，调整素材的大小及位置，如图 11-23 所示。

12 选中覆叠轨 5 中的素材 2，将其复制并粘贴到该素材的后面。修改字体为 Star Hound。在预览窗口中修改字幕内容，如图 11-24 所示。

图 11-23 调整素材的大小及位置

图 11-24 修改字幕内容

11.2 制作影片内容

视频文件：DVD\ 视频 \ 第 11 章 \11.2.MP4

本节灵活运用会声会影 X9 的各项功能，制作婚纱相册的主体内容。

11.2.1 制作视频摇动和缩放

01 在覆叠轨 1 中单击鼠标右键，执行【插入照片】命令，添加 3 张素材图片（DVD\ 素材 \ 第 11 章 \01-03.jpg），如图 11-25 所示。

02 选中覆叠轨 1 中的素材 2，在预览窗口中单击鼠标右键，执行【调整到屏幕大小】命令，如图 11-26 所示。

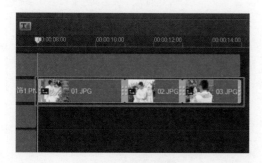

图 11-25 添加素材

图 11-26 执行【调整到屏幕大小】命令

03 单击"选项"按钮，进入选项面板，单击"遮罩和色度键"按钮，设置透明度参数为 50，如图 11-27 所示。单击"关闭"按钮关闭面板。

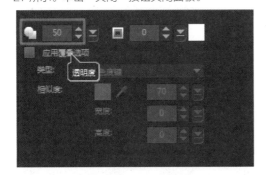

图 11-27 设置透明度参数为 50

04 单击素材库中的"滤镜"按钮，在"滤镜"素材库中选择"双色调"滤镜，如图 11-28 所示。将其拖动到素材 2 上。

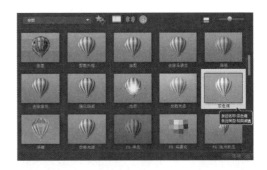

图 11-28 选择"双色调"滤镜

05 选择素材 2，单击鼠标右键，执行【复制属性】命令。选中素材 3 和素材 4，单击鼠标右键，执行【粘贴所有属性】命令。选择素材 2，进入选项面板，切换至"编辑"选项卡，选中"应用摇动和缩放"复选框，并单击"自定义"按钮，如图 11-29 所示。

图 11-29 单击"自定义"按钮

06 弹出对话框，设置第 1 帧的缩放率为 148，调整原图窗口中的控制点，如图 11-30 所示。

图 11-30 设置第 1 帧的参数

07 选择第 2 帧，设置缩放率参数为 148，并调整控制点的位置，如图 11-31 所示。单击"确定"按钮完成设置。用同样的操作方法，分别设置素材 3 和素材 4 的视频摇动和缩放效果。

图 11-31 设置第 2 帧的参数

11.2.2 画面叠加效果

01 单击素材库中的"图形"按钮 ，进入"Flash 动画"素材库，选择条目"FL-F09.swf"，将其拖入到覆叠轨 2 中并调整到合适区间，如图 11-32 所示。

02 在覆叠轨 3 中 8 秒的位置添加素材（DVD\ 素材 \ 第 11 章 \ 边框 .png）并拖动调整区间，如图 11-33 所示。

图 11-32 添加 Flash 动画

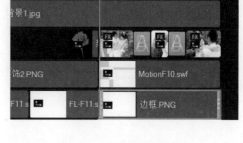

图 11-33 添加素材并调整区间

03 在预览窗口中调整素材的大小及位置，如图 11-34 所示。在覆叠轨 4 中 8 秒的位置，添加 3 个素材图片（DVD\ 素材 \ 第 11 章 \01-03.jpg）。

04 选中图片 1，在预览窗口中调整素材的大小及位置，如图 11-35 所示。选中该素材，单击鼠标右键，执行【复制属性】命令，选中另外两个素材，单击鼠标右键，执行【粘贴所有属性】命令。

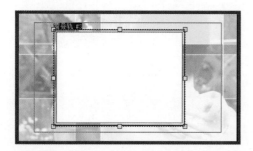

图 11-34 调整素材的大小及位置

图 11-35 调整素材的大小及位置

11.2.3 添加"自动草绘"滤镜

01 在覆叠轨 5 中 8 秒的位置，添加 3 个素材图片（DVD\ 素材 \ 第 11 章 \ 戒指 1- 戒指 3.PNG），如图 11-36 所示。

02 选择图片 1，在预览窗口中调整素材的大小及位置，如图 11-37 所示。

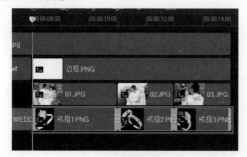

图 11-36 添加素材图片

图 11-37 调整素材的大小及位置

03 用同样的方法，调整另外两个素材在预览窗口中的大小及位置。单击"滤镜"按钮 **FX**，选择"自动草绘"滤镜，如图 11-38 所示。将其添加到覆叠轨 5 中的素材 4 上。

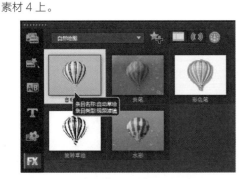

图 11-38 选择"自动草绘"滤镜

05 选中覆叠轨 5 中的素材 4，单击鼠标右键，执行【复制属性】命令。选中素材 5 和素材 6，单击鼠标右键，执行【粘贴可选属性】命令，如图 11-40 所示。

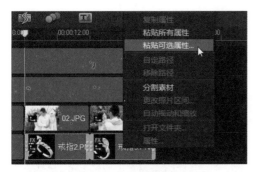

图 11-40 执行【粘贴可选属性】命令

07 在素材库中单击"转场"按钮，在"转场"素材库中选择"交叉淡化"转场，如图 11-42 所示。

图 11-42 选择"交叉淡化"转场

04 展开选项面板，单击"自定义滤镜"按钮，弹出对话框，将滑块拖至 2 秒的位置，单击鼠标右键，执行【插入】命令，设置进度为 100，如图 11-39 所示。单击"确定"按钮完成设置。

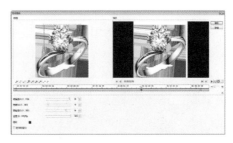

图 11-39 自定义滤镜

06 弹出"粘贴可选属性"对话框，取消选中"全部"复选框，仅选中"滤镜"复选框，如图 11-41 所示，单击"确定"按钮完成设置。

图 11-41 单击"确定"按钮

08 将其添加到覆叠轨 1 中的素材 2 与素材 4 之间、覆叠轨 4 中的素材 4 与素材 6 之间、覆叠轨 5 中的素材 4 与素材 6 之间，如图 11-43 所示。

图 11-43 添加转场

11.2.4 画中画效果

01 在视频轨中添加素材（DVD\素材\第11章\背景2.jpg）并拖动素材区间到9秒的位置，如图11-44所示。展开选项面板，在"重新采样选项"的下拉列表中选择"调到项目大小"选项。

图11-44 添加素材并拖动区间

03 展开选项面板，单击"遮罩和色度键"按钮，设置"透明度"参数为60，如图11-46所示。单击"关闭"按钮关闭面板。选中图片1，单击鼠标右键，执行【复制属性】命令。

图11-46 设置"透明度"参数

05 在弹出的对话框中设置第1帧和第2帧的缩放率参数均为128，并分别调整控制点位置，如图11-48所示。单击"确定"按钮完成设置。

图11-48 设置摇动和缩放参数

02 在覆叠轨1中添加3张素材图片（DVD\素材\第11章\04-06.jpg）。选中图片1，在预览窗口中单击鼠标右键，执行【调整到屏幕大小】命令，如图11-45所示。

图11-45 执行【调整到屏幕大小】命令

04 选中素材4和素材5，单击鼠标右键，执行【粘贴所有属性】命令。选中图片1，进入"编辑"选项面板，选中"应用摇动和缩放"复选框，然后单击"自定义"按钮，如图11-47所示。

图11-47 单击"自定义"按钮

06 用同样的方法，依次设置素材4和素材5的摇动和缩放效果。在覆叠轨2中添加三张素材图片（DVD\素材\第11章\04-06.jpg），如图11-49所示。

图11-49 添加素材图片

07 选择覆叠轨3中的素材4,进入选项面板,单击"从左边进入"按钮,单击"遮罩和色度键"按钮,如图11-50所示。

08 选中"应用遮罩选项"复选框,在类型的下拉列表中选择"遮罩帧",并选择合适的遮罩,如图11-51所示。

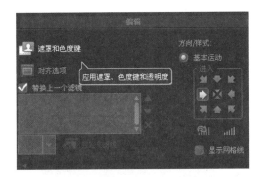

图 11-50 单击"遮罩和色度键"按钮

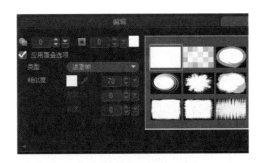

图 11-51 选择合适的遮罩

09 单击"滤镜"按钮,选择"画中画"滤镜,将其添加到覆叠轨3中的素材4上。在预览窗口中调整素材的大小和位置,如图11-52所示。选中素材3,单击鼠标右键,执行【复制属性】命令。选择素材4和素材5,单击鼠标右键,执行【粘贴所有属性】命令。

10 分别设置素材4和素材5的进入方向为"从右边进入"和"从左上方进入"。单击"图形"按钮,在"Flash动画"素材库中选择条目"FL-F11.swf",将其多次添加到覆叠轨4中,并调整最后一个素材的区间,如图11-53所示。

图 11-52 调整素材的大小和位置

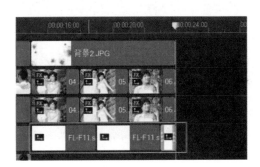

图 11-53 调整素材区间

11 在覆叠轨5中,添加素材图片并调整到合适的位置,如图11-54所示。

12 在预览窗口中分别调整素材的位置,并预览效果,如图11-55所示。

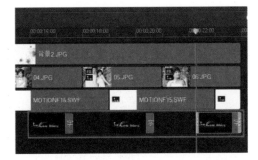

图 11 54 添加素材并调整位置

图 11 55 预览效果

11.2.5 制作修剪动画效果

01 在视频轨中添加三张素材图片（DVD\ 素材 \ 第11 章 \07-09.jpg），如图 11-56 所示，将其依次调整到项目大小。

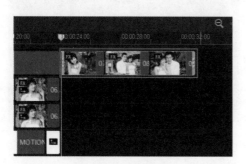

图 11-56 添加素材图片

02 单击素材库中的"滤镜"按钮**FX**，在"滤镜"素材库中选择"双色调"滤镜，如图 11-57 所示。将其添加到三张图片上。

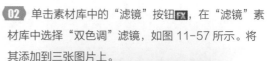
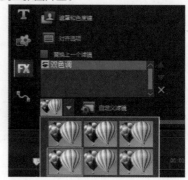

图 11-57 选择"双色调"滤镜

03 依次进入选项面板，单击自定义滤镜左侧的倒三角按钮，在预设动画类型中选择第 4 个选项，如图 11-58 所示。

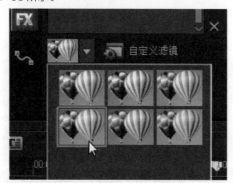

图 11-58 选择预设效果

04 在覆叠轨 1 中添加两张素材图片（DVD\ 素材 \ 第11 章 \ 背景 3、背景 4.jpg），依次调整到合适的区间，如图 11-59 所示。

图 11-59 添加素材并调整区间

05 依次进入选项面板，单击"遮罩和色度键"按钮，设置两个素材的透明度参数为 30，如图 11 -60 所示。

图 11-60 设置透明度参数

06 分别选中素材，在预览窗口中单击鼠标右键，执行"调整到屏幕大小"命令，如图 11-61 所示。

图 11-61 执行【调整到屏幕大小】命令

07 在覆叠轨2中添加三张素材（DVD\ 素材 \ 第11章 \07-09.jpg），如图 11-62 所示。将其依次调整到屏幕大小。单击"滤镜"按钮，选择"修剪"滤镜，将其添加到覆叠轨中的素材6上。

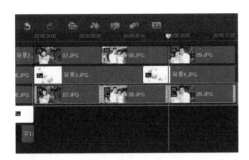

图 11-62 添加素材

08 进入选项面板，单击"自定义滤镜"按钮，设置第1帧的"宽度"和"高度"参数为0；选择最后一帧，设置"宽度"和"高度"参数为80，如图 11-63 所示。

图 11-63 设置"修剪"滤镜的参数

09 选择最后一帧，单击鼠标右键，执行【复制】命令，将滑块拖至2秒的位置，单击鼠标右键，执行【粘贴】命令，如图 11-64 所示。单击"确定"按钮完成设置。

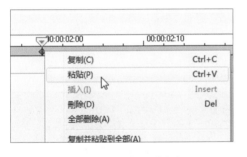

图 11-64 执行【粘贴】命令

10 单击"遮罩和色度键"按钮，选中"应用覆叠选项"复选框，选择合适的遮罩，如图 11-65 所示。

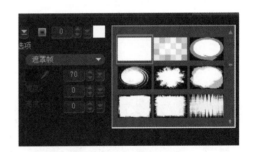

图 11-65 选择合适的遮罩

11 选择该素材，单击鼠标右键，执行【复制属性】命令，然后选择素材7与素材8，单击鼠标右键，执行【粘贴所有属性】命令。单击"图形"按钮，在"Flash 动画"素材库中选择条目"FL-F08.swf"，将其多次添加到覆叠轨3中，并调整最后一个素材的区间，如图 11-66 所示。

图 11-66 添加素材并调整区间

12 在覆叠轨4和覆叠轨5中添加素材（DVD\ 素材 \ 第11章 \ 装饰3、字 2.png），并依次拖动素材到合适的区间，如图 11-67 所示。

图 11-67 添加素材

专家提醒

添加"修剪"滤镜后，素材在修剪范围外的部分会呈黑色显示，因此需要添加相应的遮罩。

13 分别选中素材，在预览窗口中调整素材的大小及位置，如图11-68所示。在"滤镜"素材库中，选择"视频摇动和缩放"滤镜，将其添加到覆叠轨4中的最后一个素材上。

14 进入选项面板，单击"自定义滤镜"按钮，在弹出的对话框中设置第1帧的"缩放率"参数为146，调整控制点的位置；设置第2帧的"缩放率"参数为112，调整控制点的位置，如图11-69所示。单击"确定"按钮完成设置。

图11-68 调整素材的大小及位置

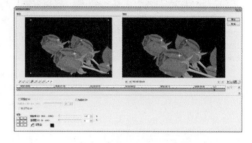

图11-69 设置"摇动和缩放"滤镜参数

11.2.6 制作视频交叉叠化

01 在视频轨中添加素材（DVD\素材\第11章\背景5.JPG），如图11-70所示，调整区间参数为11秒。设置素材调整屏幕大小。

02 在覆叠轨1中添加两张素材图像（DVD\素材\第11章\10.jpg），并添加交叉淡化转场，如图11-71所示。

图11-70 添加素材并调整区间

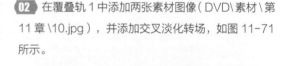

图11-71 添加素材与转场

03 分别选中两张素材，依次在预览窗口中单击鼠标右键，执行【调整到屏幕大小】命令，如图11-72所示。

04 选中素材1，进入选项面板，单击"从左边进入"按钮，单击"遮罩和色度键"按钮，设置边框参数为2，如图11-73所示。

图11-72 执行【调整到屏幕大小】命令

图11-73 设置边框参数为2

05 选中素材2，进入选项面板，单击"遮罩和色度键"按钮，设置透明度参数为20，如图11-74所示。

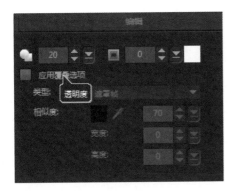

图11-74 设置透明度参数为20

06 在覆叠轨2中添加三张素材（DVD\素材\第11章\11.jpg），在素材与素材之间添加交叉淡化转场，如图11-75所示。

图11-75 添加素材与转场

07 选中素材1，进入选项面板，单击"从右边进入"按钮，单击"遮罩和色度键"按钮，设置边框参数为2，如图11-76所示。

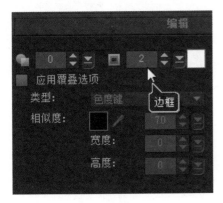

图11-76 设置边框参数为2

08 选中素材2，设置边框参数为2；选中素材3，设置透明度参数为20。在预览窗口中，调整素材1到合适的大小，如图11-77所示。设置素材2和素材3到屏幕大小。

图11-77 调整素材大小

09 在覆叠轨3中添加两张素材（DVD\素材\第11章\12.jpg），并添加交叉淡化转场，如图11-78所示。

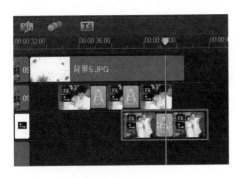

图11-78 添加素材与转场

10 用同样的方法，设置两个素材的边框参数均为2；设置素材1"从下方进入"，设置素材2"从右边退出"。在预览窗口中调整素材1到合适的大小，如图11-79所示。调整素材2到屏幕大小。

图11-79 调整素材大小

11 在覆叠轨4中添加多个素材（DVD\素材\第11章\字3.png），并调整区间，如图11-80所示。

图11-80 添加素材

12 在预览窗口中调整素材的大小及位置，如图11-81所示。

图11-81 调整素材大小及位置

13 依次选中素材，进入选项面板，设置素材的淡入淡出效果，如图11-82所示。

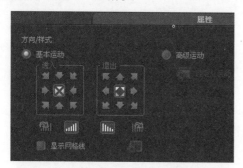

图11-82 添加素材

14 在覆叠轨5中添加素材，并设置素材的区间及在预览窗口中的大小和位置，如图11-83所示。根据前面所述内容设置素材的摇动和缩放效果。

图11-83 调整素材大小及位置

11.3 制作片尾

视频文件：DVD\视频\第11章\11.3.MP4

片尾起到结束影片的作用。好的片尾通常能让观众感觉意犹未尽，回味无穷。本节将简单制作婚纱相册的片尾。

11.3.1 制作片尾视频

01 在视频轨中添加素材（DVD\素材\第11章\背景6.JPG），将其调整到合适的区间，并在素材6和素材7之间添加"交叉淡化"转场，如图11-84所示。

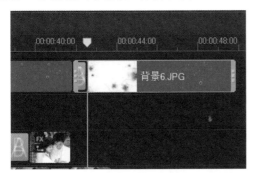

图 11-84 添加素材和转场

02 在覆叠轨1中添加素材（DVD\素材\第11章\装饰5.png），并调整到合适的区间，如图11-85所示。

图 11-85 添加素材并调整区间

03 在"滤镜"素材库中选择"视频摇动和缩放"滤镜，如图11-86所示。将其添加到该素材上。

图 11-86 选择"视频摇动和缩放"滤镜

04 进入选项面板，单击"自定义滤镜"按钮，在弹出的对话框中设置第1帧的缩放率为234，第2帧的缩放率为156，如图11-87所示。单击"确定"按钮完成设置。

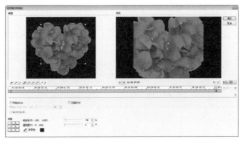

图 11-87 设置摇动和缩放参数

05 在预览窗口中单击鼠标右键，执行【调整到屏幕大小】命令，如图11-88所示。

图 11-88 执行【调整到屏幕大小】命令

06 在"Flash动画"素材库中选择"MotionF37"，将其多次添加到覆叠轨2中，如图11-89所示。

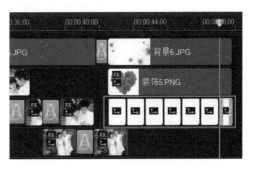

图 11-89 添加 Flash 动画

07 在覆叠轨 6 中添加多个 Flash 动画素材，并调整最后一个素材区间，如图 11-90 所示。

08 依次选中素材，在预览窗口中单击鼠标右键，执行【调整到屏幕大小】命令，如图 11-91 所示。

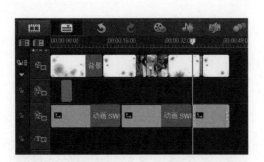

图 11-90 添加 Flash 动画并调整区间

图 11-91 执行【调整到屏幕大小】命令

11.3.2 添加片尾字幕

01 单击"标题"按钮，在预览窗口中双击鼠标输入字幕内容并调整位置，如图 11-92 所示。

02 在"编辑"选项面板中设置字体为"Tahoma"，字体大小参数为 83，设置字体颜色为白色，单击"边框 / 阴影 / 透明度"按钮，如图 11-93 所示。

图 11-92 调整字幕位置

图 11-93 单击"边框 / 阴影 / 透明度"按钮

03 在弹出的对话框中设置"边框宽度"参数为 2.0，"线条色彩"为黑色，如图 11-94 所示。

04 切换至"阴影"选项卡，单击"阴影"按钮，设置 X、Y 参数分别为 4.0 和 1.0，颜色为黑色，如图 11-95 所示。单击"确定"按钮完成设置。

图 11-94 设置边框参数

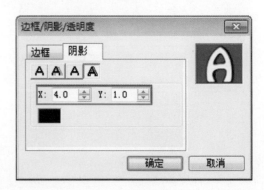

图 11-95 设置阴影参数

05 选择标题，单击鼠标右键，执行【复制】命令，将其粘贴到原素材的后面，并调整区间。选择原素材，进入选项面板，切换至"属性"选项卡，单击"动画"单选按钮，在"选取动画类型"的下拉列表中选择"下降"选项，并选择第2个动画预设效果，如图11-96所示。

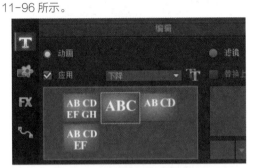

图 11-96 选择第2个动画预设效果

07 进入"属性"选项卡，在"选取动画类型"的下拉列表中选择"弹出"类别，并选择合适的动画预设效果，如图11-98所示。

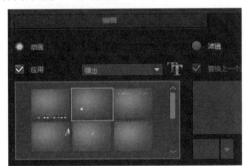

图 11-98 选择合适的动画预设效果

06 在覆叠轨7中46秒的位置单击鼠标，单击"标题"按钮，在预览窗口中输入字幕内容，如图11-97所示。在时间轴中调整标题到合适区间。

图 11-97 输入字幕内容

08 在导览面板中调整素材的暂停区间，如图11-99所示。

图 11-99 调整暂停区间

11.4 后期编辑

视频文件: DVD\ 视频 \ 第11章 \11.4.MP4

片尾制作完成后，其后期编辑也是必不可少的。完成添加视频音频，渲染输出或刻录成光盘等操作步骤后才能完成整个影片的制作。本节将学习婚纱相册的后期编辑。

11.4.1 添加影片音频

01 在时间轴中空白区域单击鼠标右键，执行【插入音频】|【到声音轨】命令，如图 11-100 所示。

图 11-100 执行【到声音轨】命令

02 在弹出的对话框中选择音频素材（DVD\素材\第 11 章\音乐 .MP3），将其添加到时间轴中，如图 11-101 所示。

图 11-101 添加音频素材

03 在时间轴中，拖动音频素材到合适的区间，如图 11-102 所示。

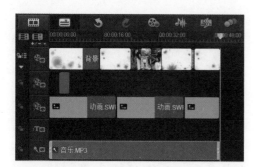

图 11-102 选择合适的动画预设效果

04 选中素材，进入选项面板，单击"淡入"和"淡出"按钮，如图 11-103 所示。

图 11-103 调整暂停区间

11.4.2 渲染输出

01 单击"共享"按钮，切换至"共享"步骤面板，如图 11-104 所示。

图 11-104 "分享"步骤面板

02 设置文件名称及位置，如图 11-105 所示。单击"开始"按钮，文件开始进行渲染，渲染完成后，输出的视频文件添加到素材库中。

图 11-105 单击"保存"按钮

第12章
时尚写真——致我的青春记忆

▶本章导读:◀

写真可以定格美丽灿烂的青春，它已经成为一种时尚，成为记录完美时刻的艺术。会声会影可以将青春的声音和美丽画面相结合，制作成独一无二的个人写真视频。本章将学习制作个人写真。

▶效果欣赏:◀

12.1 片头制作

视频文件: DVD\ 视频 \ 第 12 章 \12.1.MP4

在一部完整的影片中,片头的作用是至关重要的,它能勾起观众观看影片的欲望。本节将制作个人写真的片头。

12.1.1 制作片头视频

本小节通过多个素材的整合与编辑制作出个人写真的视频。

01 在参数选择中设置图像采样选项为"保持宽高比"。在视频轨中添加 5 张素材图片,并调整到项目大小,设置所有素材的区间为 1 秒。对素材应用"交叉淡化"转场,设置转场"区间"参数为 4 帧,如图 12-1 所示。

02 在视频轨中添加 3 张素材图片,在素材与素材之间添加"交叉淡化"转场,并根据实际需要调整转场区间,如图 12-2 所示。

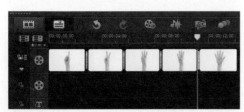

图 12-1 添加素材与转场

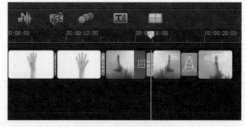

图 12-2 添加素材与转场

03 选中视频轨中的素材 6,进入选项面板,选中"变形素材"复选框,在预览窗口中调整素材的大小及位置,如图 12-3 所示。

04 选择素材 7,设置区间参数为 4 秒。在"选项"面板中单击"摇动和缩放"单选按钮,然后单击"自定义"按钮。设置第 1 帧的缩放率参数为 180,第 2 帧的缩放率参数为 242,依次调整控制点的位置,如图 12-4 所示。单击"确定"按钮完成设置。

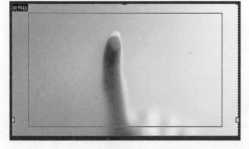

图 12-3 调整素材的大小及位置

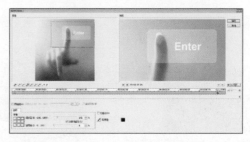

图 12-4 设置摇动和缩放参数

05 用同样的方法，为素材 8 添加视频摇动和缩放效果。然后将其复制并粘贴到该素材的后面，调整区间为 4 秒。在选项面板中单击"自定义"按钮，进入"摇动和缩放"对话框。选择最后一帧，单击鼠标右键，执行【复制】命令；选择第 1 帧，单击鼠标右键，执行【粘贴】命令，如图 12-5 所示。单击"确定"按钮完成设置。

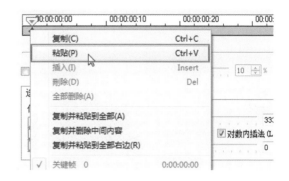

图 12-5 执行【粘贴】命令

06 在覆叠轨 1 中添加一张素材并调整到合适的区间，如图 12-6 所示。

07 进入选项面板，单击"淡入"按钮，然后单击"遮罩和色度键"按钮，如图 12-7 所示。

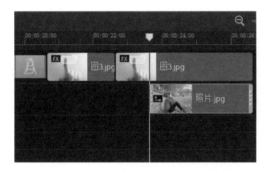

图 12-6 添加素材并调整区间

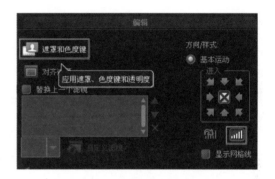

图 12-7 单击"遮罩和色度键"按钮

08 选中"应用覆叠选项"复选框，在类型的下拉列表中选择"遮罩帧"选项，单击遮罩选项右侧的"添加遮罩项"按钮，如图 12-8 所示。

09 在弹出的对话框中选择遮罩选项，单击"打开"按钮，添加遮罩选项，如图 12-9 所示。

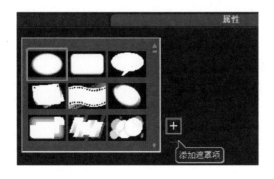

图 12-8 单击"添加遮罩项"按钮

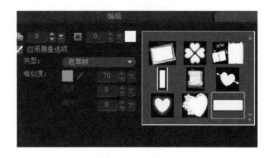

图 12-9 添加遮罩选项

10 在预览窗口中调整素材的大小及位置，如图 12-10 所示。

图 12-10 调整素材的大小及位置

12.1.2 添加片头字幕

字幕的作用不可小看，在片头制作中字幕的添加能起到引人入胜的作用。

01 单击"图形"按钮 ，在"色彩"素材库中添加浅灰色（232，232，232）素材，将其添加到覆叠轨 1，如图 12-11 所示。

图 12-11 添加色彩素材

02 进入选项面板，单击"遮罩和色度键"按钮，设置透明度参数为 50。在"遮罩帧"选项中选择合适的遮罩，如图 12-12 所示。

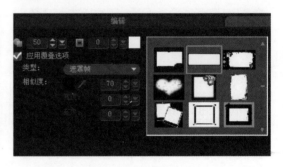

图 12-12 选择合适的遮罩

03 在时间轴中复制并粘贴素材。在预览窗口中调整各素材的大小及位置，如图 12-13 所示。

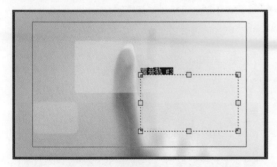

图 12-13 调整素材的大小及位置

04 单击"标题"按钮，在预览窗口中双击鼠标，输入字幕内容，如图 12-14 所示。

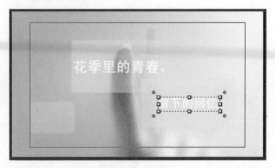

图 12-14 输入字幕内容

05 选择字幕"花季里的青春"，设置字体为黑体，字体大小为 44，颜色为白色。进入"属性"选项卡，选中"应用"复选框，在"淡化"类别中选择第 2 个动画预设效果，如图 12-15 所示。

06 选择字幕"留下的回忆"，设置字体为 37。切换至"属性"选项卡，在"淡化"类别中选择第 1 个动画预设效果，如图 12-16 所示。

图 12-15 选择第 2 个动画预设效果

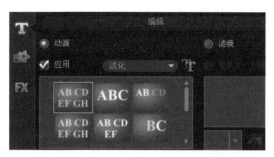

图 12-16 选择第 1 个动画预设效果

07 在覆叠轨中单击鼠标，单击"标题"按钮，在预览窗口中输入字幕内容，如图 12-17 所示。

08 单击"将方向更改为垂直"按钮，设置字体为方正瘦金书简体，字体大小为 50，颜色为白色。选中"文字背景"复选框，单击"自定义文字背景的属性"按钮，如图 12-18 所示。

图 12-17 输入字幕内容

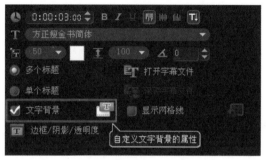

图 12-18 单击"自定义文字背景的属性"按钮

09 在弹出对话框中，单击"单色背景栏"单选按钮，色彩设置为蓝色到白色的渐变，单击"左右渐变"按钮，设置透明度参数为 60，如图 12-19 所示。单击"确定"按钮。

10 单击"边框 / 阴影 / 透明度"按钮，在弹出的对话框中选中"外部边界"复选框，设置边框宽度参数为 2，线条色彩为白色，如图 12 -20 所示。单击"确定"按钮。

图 12 -19 设置背景参数

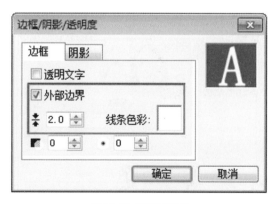

图 12-20 设置边框参数

11 切换至"属性"选项卡，在"淡化"类别中选择第 2 个预设效果，如图 12-21 所示。

12 选择标题素材，单击鼠标右键，执行【复制】命令，将复制的素材粘贴到合适的位置。在预览窗口中修改字幕内容并调整素材的位置，如图 12-22 所示。

图 12-21 选择第 2 个预设效果

图 12-22 调整素材的位置

13 进入选项面板,单击"自定义文字背景属性"按钮,在弹出的对话框中设置"曲边矩形",放大为 10,色彩为灰色到白色的左右渐变,如图 12-23 所示。单击"确定"按钮完成设置。

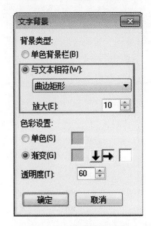

图 12-23 设置背景参数

12.2 影片制作

视频文件: DVD\ 视频 \ 第 12 章 \12.2.MP4

本节将综合利用会声会影 X9 中的滤镜、覆叠选项等功能制作个人写真的影片。

12.2.1 视频摇动和缩放

在会声会影 X9 中,视频摇动和缩放功能可以制作出视频的推、拉、摇、移效果,将静态素材以动态视频效果显示。

01 在视频轨中添加素材并调整到合适区间,如图 12-24 所示。然后将其调整到项目大小。

02 覆叠轨 2 中单击鼠标右键,执行【插入照片】命令,添加素材,如图 12-25 所示。

图 12-24 调整素材区间

图 12-25 添加素材

03 选择覆叠轨 3 中的素材 2，在选项面板中选中"应用摇动和缩放"单选按钮。设置第一帧的缩放率为 131，并调整控制点的位置，如图 12-26 所示。

04 设置最后一帧的缩放率为 184，并调整控制点的位置，如图 12-27 所示。

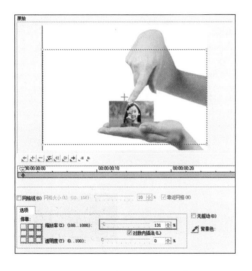

图 12-26 设置第一帧参数

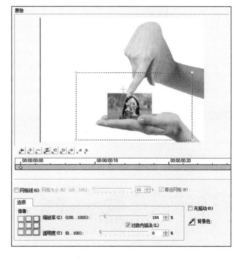

图 12-27 设置最后一帧参数

05 选中最后一帧，单击鼠标右键，执行【复制】命令，如图 12-28 所示。

06 将滑块拖至 1 秒 20 帧的位置，单击鼠标右键，执行【粘贴】命令，如图 12-29 所示。单击"确定"按钮完成设置。

图 12-28 执行【复制】命令

图 12-29 执行【粘贴】命令

12.2.2 画中画效果

本小节主要将"画中画"滤镜与覆叠选项向结合，制作出画中画的视频效果。

01 分别在覆叠轨 1 和覆叠轨 2 中单击鼠标右键，执行【插入照片】命令，依次添加素材，如图 12-30 所示。

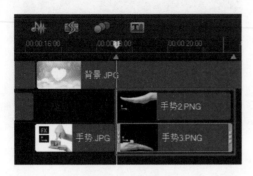

图 12-30 添加素材

02 分别选中素材，进入选项面板，单击"淡入动画效果"按钮，如图 12-31 所示。

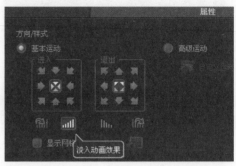

图 12-31 单击"淡入动画效果"按钮

03 为两个素材分别添加"画中画"滤镜。选中覆叠轨 1 中的素材，进入选项面板，单击"自定义滤镜"按钮。在弹出的对话框中，将滑块拖至第 1 帧处，选择"重置为无"动画效果，设置 X、Y 参数均为 0，大小参数为 100，如图 12-32 所示。

04 拖动滑块到 1 秒 21 的位置，设置 X、Y 的参数分别为 28、18，即可添加一个新的关键帧，如图 12-33 所示。拖动滑块至最后一帧，设置 X、Y 的参数为 32、18，然后单击"确定"按钮完成设置。

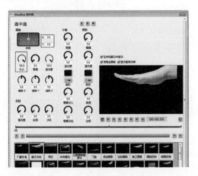

图 12-32 设置第 1 帧参数

图 12-33 添加关键帧

05 用同样的方法，设置素材 2 的画中画滤镜参数。依次选择两个素材，在预览窗口中单击鼠标右键，执行【调整到屏幕大小】命令。在覆叠轨 3 中添加素材，并添加"画中画"滤镜，如图 12-34 所示。

06 进入选项面板，单击"遮罩和色度键"按钮，选中"应用覆叠选项"复选框，选择"遮罩帧"选项，并选择合适的遮罩，如图 12-35 所示。

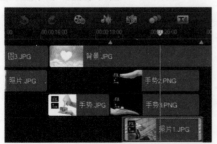

图 12-34 添加素材和滤镜

图 12-35 选择合适的遮罩

07 关闭"遮罩和色度键"面板，单击"自定义滤镜"按钮。选择第 1 帧，在"图片"选项组中设置 X、Y 的参数均为 0，尺寸参数为 27。在"边镜"选项组中设置宽度为 30，不透明度参数为 90，色彩为白色，如图 12-36 所示。

08 将滑块拖至 2 秒的位置，设置设置 X、Y 的参数均为 0，大小参数为 88，并设置最后一帧参数和第 2 帧参数一致，如图 12-37 所示。

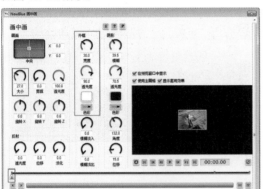

图 12-36 设置第 1 帧参数

图 12-37 设置最后一帧参数

09 在预览窗口中调整素材的大小及位置，如图 12-38 所示。

10 预览制作画中画视频的效果，如图 12-39 所示。

图 12-38 调整素材的大小及位置

图 12-39 预览效果

12.2.3 应用遮罩选项

本节主要应用遮罩选项和方向与样式功能制作出视频的进入与退出效果。

01 在覆叠轨中添加素材，在预览窗口中调整素材的大小及位置，如图 12-40 所示。

02 进入选项面板，单击"遮罩和色度键"按钮，选中"应用覆叠选项"复选框，选择"色度键"选项，设置"相似度"参数为 15，如图 12-41 所示。

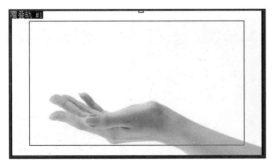

图 12-40 调整素材的大小及位置

图 12-41 设置色度参数

03 关闭"遮罩和色度键"面板。在时间轴中选择素材，单击鼠标右键，执行【复制】命令，将复制的素材粘贴到原素材后面。选择原素材，在选项面板中，单击"从下方进入"按钮，如图 12-42 所示。

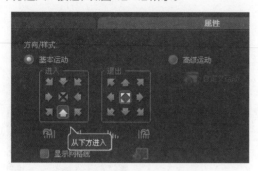

图 12-42 单击"从下方进入"按钮

04 选择第二个素材，单击"从下方退出"按钮。在覆叠轨 2 和覆叠轨 3 中分别添加一张素材图片，如图 12-43 所示。分别设置两个素材的淡入动画效果。

图 12-43 添加素材

05 单击"遮罩和色度键"按钮，在"遮罩帧"中选择合适的遮罩，如图 12-44 所示。

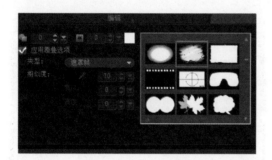

图 12-44 选择合适的遮罩

06 在预览窗口中分别调整两个素材的大小及位置，如图 12-45 所示。

图 12-45 调整素材的大小及位置

07 选择两个素材，单击鼠标右键，执行【复制】命令，将复制的素材粘贴到原素材的后面，并调整到合适的区间。分别选中素材，进入选项面板，取消"淡入动画效果"按钮的选取状态，单击"从下方退出"按钮。在覆叠轨中添加一张素材，在预览窗口中，单击鼠标右键，执行【调整到屏幕大小】命令，如图 12-46 所示。

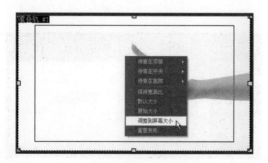

图 12-46 执行【调整到屏幕大小】命令

08 进入选项面板，单击"从右边进入"按钮。单击"遮罩和色度键"按钮，在"应用遮罩选项"中选择"色度键"选项，设置"相似度"参数为 20，如图 12-47 所示。选中素材，将其复制并粘贴到原素材的后面，然后调整到合适的区间。在选项面板中设置"进入静止"和"从右边退出"。

图 12-47 设置色度参数

09 在覆叠轨2中添加素材，进入选项面板，单击"从右边进入"按钮，单击"遮罩和色度键"按钮在"应用遮罩选项"的下拉列表中选择"遮罩帧"选项，并选择合适的遮罩，如图12-48所示。

10 在预览窗口中调整素材的大小及位置，如图12-49所示。

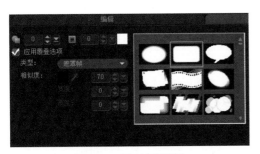

图12-48 选择合适的遮罩

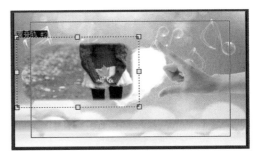

图12-49 调整素材的大小及位置

11 选择素材，单击鼠标右键，执行【复制】命令，将其粘贴到原素材的后面，并调整到合适的区间，如图12-50所示。

12 进入选项面板，在"进入"选择组中单击"静止"按钮，在"退出"选项组中单击"从右边退出"按钮，如图12-51所示。

图12-50 调整素材区间

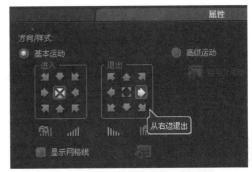

图12-51 单击"从右边退出"按钮

12.2.4 自定义遮罩项

本节是将外部的遮罩素材添加并应用到个人写真视频中。

01 在覆叠轨1和覆叠轨2中分别添加一张素材，并分别在预览窗口中调整素材的大小及位置，如图12-52所示。设置覆叠轨1中的素材为淡入动画效果；覆叠轨2中的素材从下方进入和淡入动画效果。

02 在覆叠轨1中添加素材，如图12-53所示。将其调整到屏幕大小，并添加"视频摇动和缩放"滤镜。

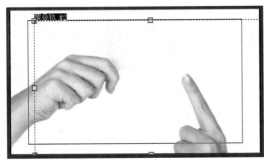

图12-52 调整素材的大小及位置

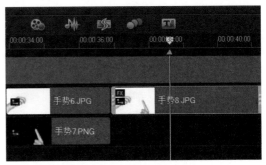

图12-53 添加素材

03 单击"自定义滤镜"按钮，在弹出的对话框中设置第 1 帧的缩放率为 100，并在"停靠"选项组中单击"居中"按钮，如图 12-54 所示。

04 选择最后一帧，设置缩放率参数为 198，如图 12-55 所示，并调整控制点的位置。

图 12-54 设置第 1 帧的参数

图 12-55 设置最后一帧的参数

05 选择最后一帧，单击鼠标右键，执行【复制】命令。将滑块拖至 2 秒的位置，单击鼠标右键，执行【粘贴】命令，如图 12-56 所示。

06 单击"确定"按钮完成设置。在覆叠轨 2 添加一张素材，如图 12-57 所示。

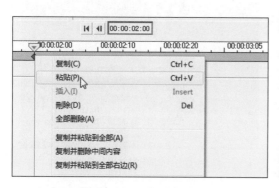

图 12-56 执行【粘贴】命令

图 12-57 添加素材

07 在选项面板中单击"淡入动画效果"按钮，然后单击"遮罩和色度键"按钮，如图 12-58 所示。

08 在应用遮罩选项的"类型"下拉列表中选择"遮罩帧"，单击"添加遮罩项"按钮，如图 12-59 所示。

图 12-58 单击"遮罩和色度键"按钮

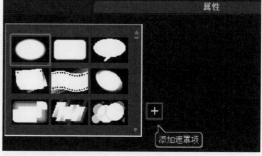

图 12-59 单击"添加遮罩项"按钮

09 在弹出的对话框中选择遮罩项添加到遮罩选项组中，如图 12-60 所示。

10 在预览窗口中调整素材的大小及位置，如图 12-61 所示。

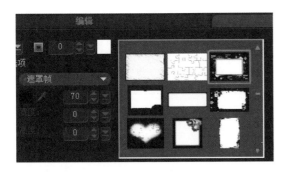

图 12-60 添加遮罩项

图 12-61 调整素材的大小及位置

 专家提醒

添加遮罩项后，素材会自动应用当前遮罩效果。

12.2.5 设置方向与样式

本节主要应用遮罩选项和方向与样式功能制作出视频的进入与退出效果。

01 在覆叠轨 1 和覆叠轨 2 中分别添加素材，如图 12-62 所示。根据前面所述的方法，为覆叠轨 1 中的素材应用色度键，单击"从下方进入"按钮。

02 为覆叠轨 2 中的素材应用遮罩选项，单击"从下方进入"按钮。在预览窗口中调整两个素材的大小及位置，如图 12-63 所示。

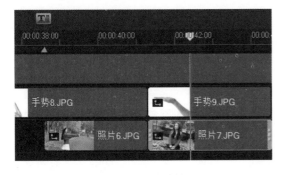

图 12-62 添加素材

图 12-63 调整素材的大小及位置

03 选择两个素材，单击鼠标右键，执行【复制】命令，将复制的素材粘贴到原素材的后面。分别选择两个素材，单击进入方向组中的"静止"按钮，单击退出方向组中的"从下方退出"按钮。用同样的方法，在覆叠轨 1 和覆叠轨 2 中添加素材，并设置效果，在预览窗口中调整大小及位置，如图 12-64 所示。

图 12-64 调整素材的大小及位置

04 在覆叠轨1和覆叠轨2中分别添加一张素材。分别添加两个素材的色度键效果，在预览窗口中调整素材的大小及位置，如图12-65所示。选中覆叠轨1中的素材，单击"淡入动画效果"按钮，单击"从左边退出"退出按钮。同理，设置覆叠轨2中的素材方向与样式为"淡入动画效果"和"从右边退出"。

图12-65 调整素材的大小及位置

05 在覆叠轨3中添加素材，为其添加遮罩效果，在预览窗口中调整素材的大小及位置，如图12-66所示。进入选项面板，单击"淡入动画效果"按钮。

图12-66 调整素材的大小及位置

06 在覆叠轨轨1中添加素材并调整到合适的区间，如图12-67所示。进入选项面板，单击"淡入动画效果"和"淡出动画效果"按钮。

图12-67 添加素材并调整区间

07 在覆叠轨2和覆叠轨3中分别添加素材，并调整到合适的位置及区间，如图12-68所示。

图12-68 添加素材并调整区间

08 为覆叠轨2中的素材1和素材2添加自定义的遮罩项，在预览窗口中调整素材的大小及位置，如图12-69所示。

图12-69 调整素材的大小及位置

09 选择素材1，在选项面板中单击"淡入动画效果"，如图12-70所示。

10 选择覆叠轨3中的素材，单击"从上方进入""淡入动画效果"和"淡出动画效果"按钮，如图12-71所示。

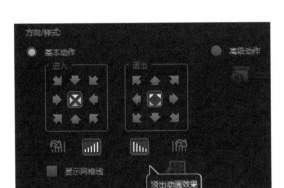

图 12-70 设置方向和样式

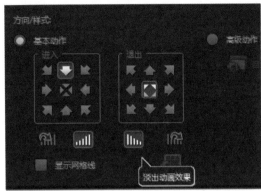

图 12-71 设置方向和样式

12.2.6 添加边框及对象

本节是通过在视频中添加边框及对象素材，制作影片内容。

01 在覆叠轨 2 和覆叠轨 3 中分别添加一张素材，在预览窗口中调整素材的大小及位置，如图 12-72 所示。

02 依次选中素材，进入选项面板，单击"从下方进入"按钮。在覆叠轨 1 中添加素材，在预览窗口中调整素材的大小及位置，如图 12-73 所示。

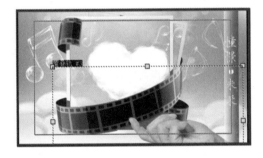

图 12-72 调整素材的大小及位置

图 12-73 调整素材的大小及位置

03 进入选项面板，单击"从下方进入"按钮。切换至"编辑"选项卡，选中"摇动和缩放"复选框，并单击"自定义"按钮。弹出"摇动和缩放"对话框，设置第 1 帧和第 2 帧的缩放率均为 153，并依次调整控制点的位置，如图 12-74 所示。

04 单击"确定"按钮完成设置。在覆叠轨 1 中添加素材，并为该素材添加"画中画"滤镜，如图 12-75 所示。进入选项面板，单击"从左边进入"和"从左边退出"按钮。

图 12-74 "摇动和缩放"对话框

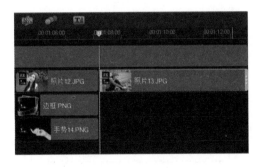

图 12-75 添加素材及滤镜

05 单击"遮罩和色度键"按钮，选中"应用覆叠选项"复选框，在类型的下拉列表中选择"遮罩帧"，选择合适的遮罩项，如图 12-76 所示。

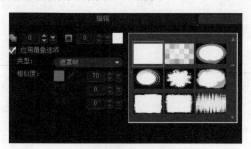

图 12-76 选择合适的遮罩项

07 关闭"遮罩和色度键"面板，单击"自定义滤镜"按钮。在弹出的对话框中设置第 1 帧和最后一帧的 X、Y 的参数均为 0，大小均为 58，如图 12-78 所示。单击"确定"按钮完成设置。

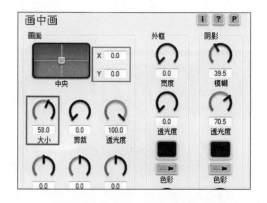

图 12-78 设置"画中画"滤镜参数

06 在预览窗口中调整素材的大小及位置，如图 12-77 所示。

图 12-77 调整素材的大小及位置

08 在覆叠轨 2 中添加素材，在预览窗口中调整素材的大小及位置，如图 12-79 所示。选中素材，单击鼠标右键，执行【复制】命令，粘贴素材到原素材的后面。选择原素材，进入选项面板，单击"从下方进入"按钮。选择第二个素材，进入选项面板，单击"从下方退出"按钮。

图 12-79 调整素材的大小及位置

12.2.7 添加字幕

影片内容制作完成后，为其添加相应的字幕，不仅能起到对影片解释说明的作用，还能吸引观众注意。

01 单击"标题"按钮 T，在预览窗口中双击鼠标左键，输入字幕内容，如图 12-80 所示。

图 12-80 输入字幕内容

02 在选项面板中设置字体参数，然后选中"文字背景"复选框，单击"自定义文字背景的属性"按钮，如图 12-81 所示。

图 12-81 单击"自定义文字背景的属性"按钮

03 在弹出的对话框中单击"单色背景栏"单选按钮，单击"渐变"按钮，如图 12-82 所示。单击"确定"按钮完成设置。

图 12-82 单击"单色背景栏"单选按钮

04 在另一处单击鼠标，输入字幕内容，取消"文字背景"复选框的选取状态，在预览窗口中调整字幕的位置，如图 12-83 所示。

图 12-83 调整字幕的位置

05 选中标题轨中的标题 3，单击鼠标右键，执行【复制】命令，将复制的素材粘贴到合适的位置。在预览窗口中双击鼠标，修改字幕内容并调整到合适的位置，如图 12-84 所示。

图 12-84 调整字幕的位置

06 在选项面板中单击"自定义文字背景的属性"按钮，在弹出的对话框中单击"渐变"按钮，然后单击"确定"按钮完成设置，如图 12-85 所示。

图 12-85 单击"确定"按钮

07 切换至"属性"选项卡，在"淡化"类别中选择第 1 个动画预设效果，如图 12-86 所示。

图 12-86 选择第 1 个动画预设效果

08 在合适的位置单击鼠标，单击"标题"按钮，在预览窗口中双击鼠标，输入字幕内容，如图 12-87 所示。

图 12-87 输入字幕内容

09 进入选项面板，单击"更改方向为垂直"按钮，设置字体大小参数为38，单击"自定义文字背景的属性"按钮。在"与文本相符"的下拉列表中选择"椭圆"选项，设置"放大"参数为20，如图12-88所示，然后单击"确定"按钮完成设置。

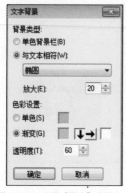

图 12-88 设置"放大"参数

11 在"编辑"选项卡中单击"更改方向为垂直"按钮，单击"自定义文字背景的属性"按钮。弹出"文字背景"对话框，在"背景类型"选项组中单击"单色背景栏"单选按钮，在色彩设置中单击第一个色块，在弹出的列表框中选择蓝色，如图12-90所示。

图 12-90 选择蓝色

13 进入"属性"选项卡，选择"淡化"类别中的第1个预设效果，单击"自定义动画属性"按钮。在弹出的对话框中，单击"交叉淡化"单选按钮，如图12-92所示。单击"确定"按钮完成设置。

图 12-92 单击"交叉淡化"单选按钮

10 在合适的位置处单击鼠标，单击"标题"按钮，在预览窗口中双击鼠标，输入字幕内容，如图12-89所示。

图 12-89 输入字幕内容

12 单击"确定"按钮完成设置。单击"标题"按钮，在选项面板中取消"文字背景"复选框，在预览窗口中输入字幕内容，如图12-91所示。

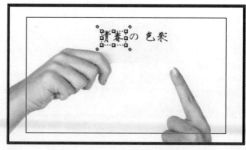

图 12-91 输入字幕内容

14 根据前面所述方法，添加其他标题字幕，如图12-93所示。

图 12-93 其他标题字幕效果

15 在合适的位置单击鼠标，输入字幕内容，并旋转标题到合适的角度，如图 12-94 所示。

16 进入"属性"选项卡，在"淡化"类别中选择第 2 个动画预设效果，如图 12-95 所示。

图 12-94 旋转标题

图 12-95 选择第 2 个动画预设效果

17 复制该素材，将其粘贴到原素材的后面。进入"属性"选项卡，在"淡化"类别中选择第 1 个动画预设效果，单击"自定义动画属性"按钮，如图 12-96 所示。

18 弹出"淡化动画"对话框，在"淡化样式"选项组中单击"淡出"单选按钮，然后单击"确定"按钮完成设置，如图 12-97 所示。

图 12-96 单击"自定义动画属性"按钮

图 12-97 单击"确定"按钮

12.3 | 制作片尾

视频文件: DVD\ 视频 \ 第 12 章 \12.3.MP4

将影片内容制作完成后，就需要制作影片片尾，以达到首尾呼应的目的。

12.3.1 制作片尾视频

本小节是通过遮罩帧及淡入动画效果功能来制作片尾视频。

01 在"色彩"素材库中选择"白色"素材，将其添加到视频轨中，如图 12-98 所示。在覆叠轨 1 中添加素材图片（DVD\ 素材 \ 第 16 章 \16.1），在预览窗口中调整到屏幕大小。

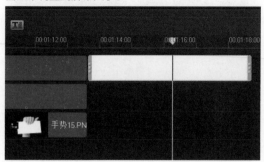

图 12-98 添加色彩素材

02 将刚添加的图片设置从下方进入效果。在覆叠轨 2 至覆叠轨 4 中分别添加一张素材（DVD\ 素材 \ 第 16 章 \16.1），如图 12-99 所示。

图 12-99 添加素材

03 选中覆叠轨中 2 中的素材，进入选项面板，单击"淡入动画效果"按钮。单击"遮罩和色度键"按钮，选中"应用覆叠选项"复选框，选择合适的遮罩项，如图 12-100 所示。

图 12-100 选择合适的遮罩项

04 在预览窗口中调整素材的大小及位置，如图 12-101 所示。选中覆叠轨 2 中的素材，单击鼠标右键，执行【复制属性】命令。选中覆叠轨 3 和覆叠轨 4 中的素材，单击鼠标右键，执行【粘贴部分属性】命令。

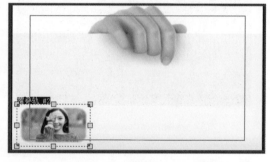

图 12-101 调整素材的大小及位置

05 在弹出的对话框中取消"全部"复选框的选取状态，选中"覆叠选项""大小和变形"及"方向 / 样式 / 动态"复选框，如图 12-102 所示。

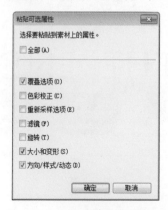

图 12-102 "粘贴可选属性"对话框

06 单击"确定"按钮完成设置，在预览窗口中调整各素材的大小及位置，如图 12-103 所示。

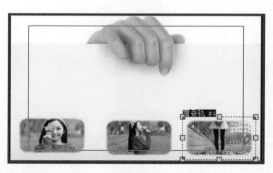

图 12-103 调整素材的大小及位置

12.3.2 制作片尾字幕

片尾的字幕制作虽然简单，但也需要对其进行编辑制作，以达到满意的效果。

01 在标题轨中合适的位置单击鼠标，然后单击素材库中的"标题"按钮 **T**，在预览窗口中双击鼠标左键，输入字幕内容，如图 12-104 所示。

02 进入选项面板，设置字体为 Trajan Pro，字体大小参数为 100，颜色为黑色，如图 12-105 所示。

图 12-104 输入字幕内容

图 12-105 设置字体参数

03 单击"属性"按钮，切换至"属性"选项卡，选中"应用"复选框，在"淡化"动画类别中选择第 1 个预设效果，如图 12-106 所示。

04 在预览窗口中调整素材的位置，如图 12-107 所示。

图 12-106 选择第 1 个预设效果

图 12-107 调整素材的位置

12.4 | 后期编辑

视频文件：DVD\视频\第 12 章\12.4.MP4

后期编辑是影片制作的最后一步，为个人写真添加音频并渲染输出后，个人写真的视频就大功告成了。

12.4.1 添加影片音频

音频素材的选择需要与影片的情境及影片的起伏相协调，才能大大提高影片的质量。

01 在时间轴中空白区域单击鼠标右键，执行【插入音频】|【到声音轨】命令，在弹出的对话框中选择音频素材（DVD\素材\第16章\16.1），将其添加到时间轴中，如图12-108所示。

02 拖动音频素材到合适的区间。进入选项面板，单击"淡入"和"淡出"按钮，如图12-109所示。

图12-108 添加音频素材

图12-109 单击按钮

12.4.2 渲染输出

渲染输出是为了将制作的影片保存并分享给亲朋好友。

01 单击"共享"按钮，切换至"共享"步骤面板，如图12-110所示。

02 单击"自定义"按钮，如图12-111所示。

图12-110 单击"共享"按钮

图12-111 选择"自定义"选项

03 单击"浏览"按钮，在打开的对话框中设置文件名及存储路径，单击"保存"按钮，如图12-112所示。

04 单击"开始"按钮，文件开始进行渲染，渲染完成后，输出的视频文件添加到素材库中，如图12-113所示。

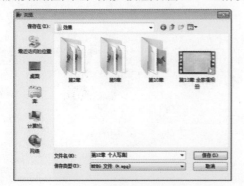

图12-112 单击"保存"按钮

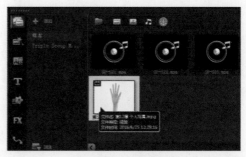

图12-113 素材库

第13章
全家福相册——相亲相爱一家人

▶本章导读：◀

　　家，是温暖的港湾，是永远的岸。全家和美圆满就是全家福。我们可以用充满浓浓爱意的全家福照片制作成独特的电子相册，将暖暖温情永久定格保存起来。本章将学习制作具有中国风气息的全家福相册。

▶效果欣赏：◀

13.1 制作片头

 视频文件: DVD\ 视频 \ 第 13 章 \13.1.MP4

在制作影片前需确定影片的风格，从而确定片头的风格。本节将学习制作中国风的全家福片头。

13.1.1 制作片头视频

片头的制作虽然简单，但也需要对其进行编辑制作，以达到满意的效果。

01 单击"图形"按钮，在"色彩"素材库中选择"白色"素材，将其添加到视频轨中。在视频轨中单击鼠标右键，添加背景素材（DVD\ 素材 \ 第 13 章）并调整到合适的区间，如图 13-1 所示。

图 13-1 添加素材并调整区间

02 进入选项面板，在"重新采样选项"的下拉列表中选择"调到项目大小"选项。在覆叠轨 1 中添加素材，在预览窗口中调整素材的大小及位置，如图 13-2 所示。

图 13-2 调整素材的大小及位置

03 单击"滤镜"按钮，在"滤镜"素材库中选择"修剪"滤镜，将其添加到覆叠轨中的素材上。进入选项面板，单击"自定义滤镜"按钮，如图 13-3 所示。

图 13-3 单击"自定义滤镜"按钮

04 弹出"修剪"对话框，设置第 1 帧的"宽度"参数为 20，"高度"参数为 100，并调整控制点的位置，如图 13-4 所示。

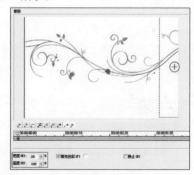

图 13-4 设置第 1 帧的参数

05 将滑块拖至2秒的位置，单击"添加关键帧"按钮新建1个关键帧，设置"宽度"和"高度"参数均为100，如图13-5所示。单击"确定"按钮完成设置。

06 在覆叠轨1中添加素材，在预览窗口中调整素材的大小及位置，如图13-6所示。

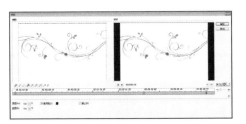

图13-5 设置第2帧的参数

图13-6 调整素材的大小及位置

专家提醒

这里添加"修剪"滤镜是制作一种花藤生长的效果。

07 单击"滤镜"按钮，选择"修剪"滤镜添加到覆叠轨1中的素材2上。进入选项面板，单击"自定义滤镜"按钮。在弹出的对话框中设置第1帧的"宽度"参数为20，"高度"参数为50，并调整控制点的位置，如图13-7所示。

08 选择最后1帧，修改最后一帧的"高度"参数为50，并调整控制点的位置，如图13-8所示。单击"确定"按钮完成设置。在时间轴选择素材，单击鼠标右键，执行【复制】命令，将复制的素材粘贴到原素材的后面。

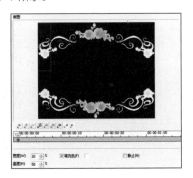

图13-7 设置第1帧的参数

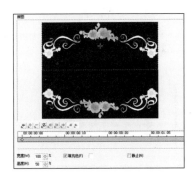

图13-8 设置最后一帧的参数

09 进入选项面板，单击"自定义滤镜"按钮，在弹出的对话框中选择最后一帧，单击鼠标右键，执行【复制】命令。选择第1帧，单击鼠标右键，执行【粘贴】命令，如图13-9所示。

10 单击"确定"按钮完成设置。选择素材，单击鼠标右键，执行【复制】命令，将复制的素材粘贴到覆叠轨2上对应的位置。进入选项面板，单击"自定义滤镜"按钮，在弹出的对话框设置第1帧的"宽度"参数为20，"高度"参数为50，并调整控制点的位置，如图13-10所示。

图13-9 执行【粘贴】命令

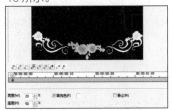

图13-10 设置第1帧的参数

11 设置最后一帧的"宽度"参数为100，"高度"参数为50，并调整控制点的位置，如图13-11所示。选择素材，单击鼠标右键，执行【复制】命令，将复制的素材粘贴到原素材的后面。在选项面板中删除滤镜。

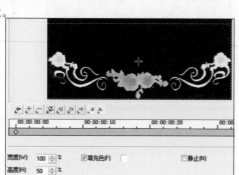

图 13-11 设置最后一帧的参数

12 在覆叠轨3中添加素材，在预览窗口中调整素材的大小及位置，如图13-12所示。进入选项面板，单击"淡入动画效果"按钮。

图 13-12 调整素材的大小及位置

13.1.2 添加片头字幕

片头的字幕制作虽然简单，但也需要对其进行编辑制作，以达到满意的效果。

01 单击"标题"按钮，在预览窗口中双击鼠标输入字幕内容，如图13-13所示。

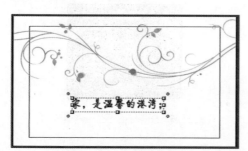

图 13-13 输入字幕内容

02 在"编辑"选项卡中设置字体为方正启体简体，字体大小为38，颜色为绿色，如图13-14所示。

图 13-14 设置字体参数

03 切换至"属性"选项卡，选中"应用"复选框，在"淡化"动画类别中选择第2个动画预设效果，如图13-15所示。

图 13-15 第2个动画预设效果

04 在时间轴中调整素材的位置，并单击鼠标右键，执行【复制】命令，将复制的素材粘贴到原素材的下面。进入"属性"选项卡，在"淡化"类别中选择第1个动画预设效果，如图13-16所示。

图 13-16 选择第1个动画预设效果

05 在预览窗口中调整素材的位置和字幕内容，如图 13-17 所示。单击"图形"按钮，在"色彩"素材库中选择"红色"素材，将其添加到覆叠轨 4 中合适的位置，并调整到合适区间。

图 13-17 调整素材的位置

07 单击"标题"按钮，在预览窗口中输入字幕内容，如图 13-19 所示。

图 13-19 输入字幕内容

06 进入选项面板，单击"淡入动画效果"按钮，然后单击"遮罩和色度键"按钮。设置透明度参数为 20，选中"应用覆叠选项"复选框，在"类型"的下拉列表中选择"遮罩帧"，并选择合适的遮罩项，如图 13-18 所示。

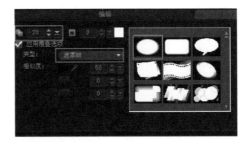

图 13-18 选择合适的遮罩项

08 进入选项面板，单击"将方向更改为垂直"按钮，设置字体为方正小篆体，字体大小参数为 43，颜色为白色。在预览窗口中调整素材的位置，如图 13-20 所示。

图 13-20 调整素材的位置

09 单击"滤镜"按钮，在"二维映射"中选择"修剪"滤镜，将其添加到标题素材上。进入选项面板，单击"滤镜"单选按钮，单击"自定义滤镜"按钮。在弹出的对话框中设置第 1 帧的"高度"参数为 20，"宽度"参数为 100，并调整控制点的位置，如图 13-21 所示。单击"确定"按钮完成设置。

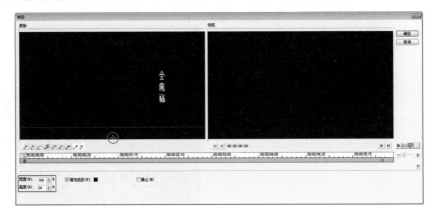

图 13-21 设置相应参数

13.2 制作影片

视频文件: DVD\ 视频 \ 第 13 章 \13.2.MP4

片头制作完成后,影片的制作是核心,也是最重要的内容。本节将学习制作全家福相册的影片内容。

13.2.1 制作修剪动画

片尾的字幕制作虽然简单,但也需要对其进行编辑制作,以达到满意的效果。

01 在覆叠轨中单击鼠标右键,执行【插入照片】命令,添加素材。在预览窗口中调整素材的大小及位置,如图 13-22 所示。

02 单击"滤镜"按钮,选择"修剪"滤镜,将其添加到素材上。进入选项面板,单击"自定义滤镜"按钮。在弹出的对话框中设置第 1 帧的"宽度"参数为 100,"高度"参数为 10,并调整控制点的位置,如图 13-23 所示。

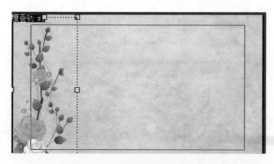

图 13-22 调整素材的大小及位置

图 13-23 设置第 1 帧的参数

03 单击"确定"按钮完成设置。选择素材,单击鼠标右键,执行【复制】命令,将复制的素材粘贴到原素材后面。进入选项面板,单击"删除滤镜"按钮,如图 13-24 所示。

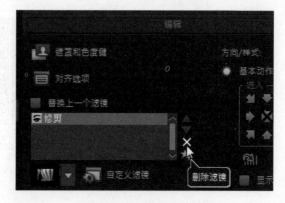

图 13-24 单击"删除滤镜"按钮

04 在覆叠轨 2 中添加素材，在预览窗口中调整素材的大小及位置，如图 13-25 所示。选择该素材，单击鼠标右键，执行【复制】命令，将其粘贴到覆叠轨 3 中相应的位置。进入选项面板，单击"淡入动画效果"按钮。单击"滤镜"按钮，在"自然绘画"素材库中选择"自动草绘"滤镜，将其添加到覆叠轨 2 中的素材 3 上。

图 13-25 调整素材的大小及位置

05 进入选项面板，单击"自定义滤镜"按钮。在弹出的对话框中选择最后 1 帧，单击鼠标右键，执行【复制】命令，将滑块拖至 2 秒的位置，单击鼠标右键，执行【粘贴】命令，如图 13-26 所示。

06 单击"确定"按钮完成设置。单击"遮罩和色度键"按钮，选中"应用覆叠选项"复选框，在"类型"的下拉列表中选择"色度键"，设置"覆叠遮罩的色彩"为白色，如图 13-27 所示。

图 13-26 执行【粘贴】命令

图 13-27 设置色度键参数

13.2.2 添加边框装饰

片尾的字幕制作虽然简单，但也需要对其进行编辑制作，以达到满意的效果。

01 在覆叠轨 3 中添加素材，在预览窗口中调整素材的大小及位置，如图 13-28 所示。

02 在覆叠轨 1 中添加素材，在预览窗口中调整素材的大小及位置，如图 13-29 所示。

图 13-28 调整素材的大小及位置

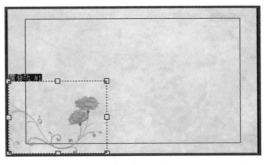

图 13-29 调整素材的大小及位置

03 用前面所述方法，多次复制粘贴素材，如图 13-30 所示。为素材添加"修剪"滤镜，并自定义滤镜属性。

图 13-30 复制粘贴素材

05 在覆叠轨 2 中和覆叠轨 3 中分别添加一张素材，并依次调整到合适的区间，如图 13-32 所示。

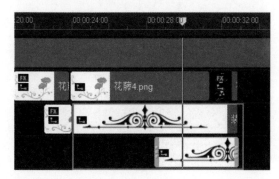

图 13-32 调整素材区间

07 在覆叠轨 4 中添加素材，在预览窗口中调整素材的大小及位置，如图 13-34 所示。选择覆叠轨 2 中的素材 3，单击鼠标右键，执行【复制属性】命令。

图 13-34 调整素材的大小及位置

04 在覆叠轨 1 中添加素材，在预览窗口中调整素材的大小及位置，如图 13-31 所示。同样，为其添加"修剪"滤镜。

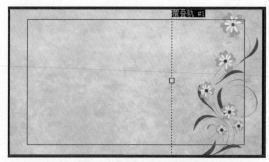

图 13-31 调整素材的大小及位置

06 依次在预览窗口中调整各素材的大小及位置，如图 13-33 所示。

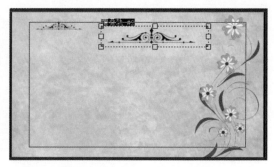

图 13-33 调整素材的大小及位置

08 选择覆叠轨 4 中的素材 2，单击鼠标右键，执行【粘贴可选属性】命令。在弹出的对话框中选择"覆叠选项""滤镜""方向/样式/动态"复选框，如图 13-35 所示。单击"确定"按钮完成设置。

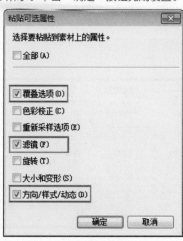

图 13-35 选择相应的复选框

09 复制该素材，粘贴到覆叠轨5中合适的位置。进入选项面板，单击"删除滤镜"按钮，如图13-36所示。

10 单击"淡入动画效果"按钮，然后单击"遮罩和色度键"按钮。在弹出的面板中取消"应用覆叠选项"复选框的选取状态，设置边框参数为1，如图13-37所示。选择素材，将其复制粘贴到原素材的后面。进入选项面板，取消"淡入动画效果"按钮的选取状态。

图13-36 单击"删除滤镜"按钮

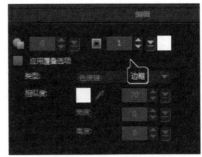

图13-37 设置边框参数为1

11 应用相同的方法，添加素材到覆叠轨5中，并在预览窗口中调整的素材大小及位置，如图13-38所示。为素材添加"自动草绘滤镜"。

12 复制并粘贴素材到合适的位置。进入选项面板，删除滤镜并设置边框参数为2及淡入动画效果，如图13-39所示。

图13-38 调整的素大小及位置

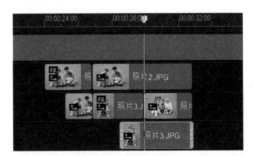

图13-39 复制粘贴素材

13.2.3 制作画面进入与退出

片尾的字幕制作虽然简单，但也需要对其进行编辑制作，以达到满意的效果。

01 在覆叠轨5中添加素材，在预览窗口中调整素材的大小及位置，如图13-40所示。进入选项面板，单击"从右边进入"按钮。

02 单击"遮罩和色度键"按钮，设置边框参数为1。在覆叠轨1中添加素材，在预览窗口中调整素材的大小及位置，如图13-41所示。

图13-40 调整素材大小及位置

图13-41 调整素材的大小及位置

03 根据前面所述方法，为素材添加"修剪"滤镜并自定义滤镜效果，然后复制粘贴素材，如图 13-42 所示。进入选项面板，删除该素材的"修剪"滤镜。

04 在覆叠轨 2 中添加素材，添加"自动草绘"滤镜，并自定义滤镜效果，然后复制粘贴素材，如图 13-43 所示。进入选项面板，删除该素材的"自动草绘"滤镜。

图 13-42 复制粘贴素材

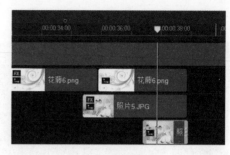

图 13-43 复制粘贴素材

05 单击"淡入动画效果"按钮，设置该素材的"边框"参数为 1，预览窗口中调整素材的大小及位置，如图 13-44 所示。

06 在覆叠轨 4 中添加素材，在预览窗口中调整素材的大小及位置，如图 13-45 所示。

图 13-44 调整素材的大小及位置

图 13-45 调整素材的大小及位置

专家提醒

在调整素材的大小及位置时，可以单击导览面板上的"扩大"按钮，最大化预览窗口，从而方便素材的细致调整。

07 在覆叠轨 1 中添加素材，在预览窗口中调整素材的大小及位置，如图 13-46 所示。

08 根据前面所述内容，设置相应的滤镜及覆叠效果。在覆叠轨 3 中添加素材，在预览窗口中调整素材的大小及位置，如图 13-47 所示。

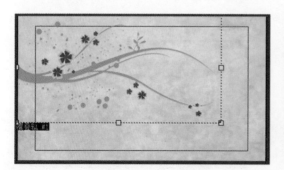

图 13-46 调整素材的大小及位置

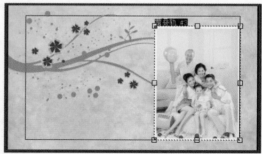

图 13-47 调整素材的大小及位置

09 根据前面所述内容，设置素材的滤镜及覆叠效果。在覆叠轨 4 中添加素材，在预览窗口中调整素材的大小及位置，如图 13-48 所示。

10 运用同样的方法，添加并设置其他素材的效果，如图 13-49 所示。

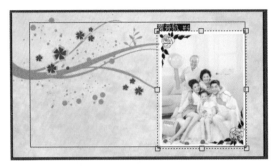

图 13-48 调整素材的大小及位置

图 13-49 设置其他素材的效果

11 在覆叠轨 1 至覆叠轨 3 中添加素材，并设置其相应的滤镜及覆叠效果，在预览窗口中调整素材的大小及位置，如图 13-50 所示。

12 在覆叠轨 4 中添加素材，设置素材的滤镜及遮罩效果，在预览窗口中调整素材的大小及位置，如图 13-51 所示。

图 13-50 调整素材的大小及位置

图 13-51 调整素材的大小及位置

13.2.4 摇动和缩放视频

片尾的字幕制作虽然简单，但也需要对其进行编辑制作，以达到满意的效果。

01 在覆叠轨 1 中添加素材，在预览窗口中调整素材的大小及位置，如图 13-52 所示。

02 复制粘贴该素材。设置原素材"修剪"滤镜并自定义滤镜效果。在覆叠轨 2 中添加素材，进入选项面板，单击"从左边进入"按钮，如图 13-53 所示。

图 13-52 调整素材的大小及位置

图 13-53 单击"从左边进入"按钮

03 切换至"编辑"选项卡，选中"摇动和缩放"复选框，单击"自定义"按钮。在弹出的对话框中设置第一帧的缩放率参数为147，如图13-54所示，并调整控制点的位置。

图 13-54 设置第 1 帧的缩放率

04 选择最后一帧，设置缩放率参数为240，调整控制点的位置。选中最后一帧，单击鼠标右键，执行【复制】命令，拖动滑块到2秒的位置，单击鼠标右键，执行【粘贴】命令，如图13-55所示。

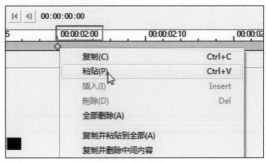

图 13-55 执行【粘贴】命令

05 在覆叠轨3中添加素材，在选项面板中单击"从左边进入"按钮。在预览窗口中调整素材的大小及位置，如图13-56所示。

图 13-56 调整素材的大小及位置

06 添加素材并设置相应的效果，在预览窗口中调整各素材的大小及位置，如图13-57所示。

图 13-57 调整素材的大小及位置

07 根据前面所述内容，制作其他素材的动画效果，如图13-58所示。

图 13-58 其他素材的动画效果

13.2.5 添加标题字幕

片尾的字幕制作虽然简单，但也需要对其进行编辑制作，以达到满意的效果。

01 将滑块拖至合适的位置，单击"标题"按钮，在预览窗口双击鼠标左键，输入字幕内容，如图13-59所示。

图13-59 输入字幕内容

03 在弹出的对话框中，单击"与文本相符"单选按钮，选择"曲边矩形"选项。设置"放大"参数为20，单击"单色"单选按钮，设置透明度参数为50，如图13-61所示。

图13-61 设置参数

05 在时间轴中调整标题的区间，在预览窗口中调整标题的位置，如图13-63所示。

图13-63 调整标题的位置

07 选中"应用覆叠选项"复选框，设置"透明度"参数为20，在"类型"的下拉列表中选择"遮罩帧"选项，选择合适的遮罩项，如图13-65所示。

02 进入选项面板，设置字体为方正草黄简体，字体大小为43，颜色为白色，选中"文字背景"复选框，单击"自定义文字背景的属性"按钮，如图13-60所示。

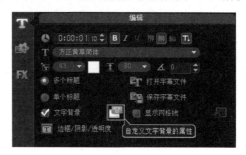

图13-60 设置字幕参数

04 单击"确定"按钮完成设置。切换至"属性"选项卡，选中"应用"复选框，在"淡化"类别中选择第1个预设效果，如图13-62所示。

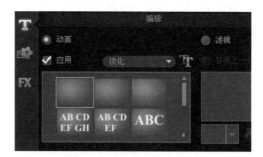

图13-62 选择第一个预设效果

06 单击"图形"按钮，选择"红色"色块，将其添加到覆叠轨7中合适的位置，如图13-64所示。进入选项面板，单击"淡入动画效果"和"淡出动画效果"按钮，单击"遮罩和色度键"按钮。

图13-64 添加色彩素材

08 在预览窗口中调整标题的大小及位置，如图13-66所示。

图 13-65 选择第 1 个预设效果

图 13-66 调整标题的位置

09 选择素材，单击鼠标右键，执行【复制】命令，将复制的素材粘贴到原素材的后面，在预览窗口中调整素材的大小及位置，如图 13-67 所示。

10 单击"标题"按钮，在预览窗口中输入字幕内容，并在"编辑"选项卡中设置字体参数，取消"文字背景"复选框，如图 13-68 所示。

图 13-67 调整素材的大小及位置

图 13-68 设置字体参数

11 进入"属性"选项卡，单击"动画"单选按钮，在"淡化"类别中选择第 1 个动画预设效果，单击"自定义动画属性"按钮，如图 13-69 所示。

12 在弹出的对话框中单击"交叉淡化"单选按钮，如图 13-70 所示，然后单击"确定"按钮完成设置。

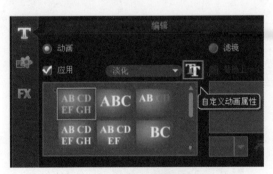

图 13-69 单击"自定义动画属性"按钮

图 13-70 单击"交叉淡化"单选按钮

13 在预览窗口中调整素材的位置，如图 13-71 所示。

14 在标题轨中选中素材，单击鼠标右键，执行【复制】命令，将复制的素材粘贴到原素材的后面，在预览窗口中调整标题的位置，如图 13-72 所示。

图 13-71 调整素材的位置

图 13-72 调整标题的位置

15 单击"标题"按钮，在预览窗口中输入字幕，在"编辑"选项卡中设置参数，如图 13-73 所示。

16 在"属性"选项卡中选择"淡化"类别中的第 1 个动画预设效果。在预览窗口中调整标题的位置，如图 13-74 所示。

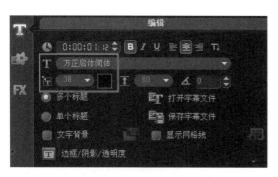

图 13-73 设置参数

图 13-74 调整标题的位置

17 将滑块拖至合适的位置，单击"标题"按钮，在预览窗口中输入字幕，并调整字幕大小及位置，如图 13-75 所示。

18 将滑块拖至合适的位置，单击"标题"按钮，在预览窗口中输入字幕，并调整字幕大小及位置，如图 13-76 所示。

图 13-75 调整字幕大小及位置

图 13-76 调整字幕大小及位置

19 将滑块拖至合适的位置，单击"标题"按钮，在预览窗口中输入字幕，进入"编辑"选项卡，设置字体参数，选中"文字背景"复选框，单击"自定义文字背景的属性"按钮。在弹出的对话框中单击"与文本相符"单选按钮，选择"椭圆"选项，单击"单色"单选按钮，设置颜色为白色，透明度参数为 50，如图 13-77 所示。单击"确定"按钮完成设置。

图 13-77 设置参数

20 在预览窗口中调整素材的位置，如图 13-78 所示。

21 将滑块拖至合适的位置，单击"标题"按钮，在预览窗口中输入字幕，在另一处双击鼠标，输入字幕，如图 13-79 所示。

图 13-79 调整素材的位置

图 13-80 输入字幕

22 单击"图形"按钮，选择"红色"色彩素材，将其添加到时间轴中。进入选项面板，单击"淡入动画效果"按钮，单击"遮罩和色度键"按钮，设置透明度参数为 20，在"遮罩帧"选项中选择合适的遮罩项，如图 13-80 所示。

23 在预览窗口中调整素材的大小及位置，如图 13-81 所示。用相同的方法，设置其他的字幕效果。

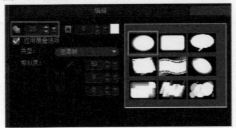

图 13-80 选择合适的遮罩项

图 13-81 调整素材的大小及位置

13.3 制作片尾

 视频文件: DVD\ 视频 \ 第 13 章 \13.3.MP4

片尾需要和片头相互呼应，才能达到烘托影片内容的效果。本节将学习制作全家福的片尾。

13.3.1 添加片尾素材

01 单击"图形"按钮,在素材库中选择"白色"素材,如图 13-82 所示。

02 将其添加到视频轨中,并为该素材与背景素材之间添加"交叉淡化"转场,如图 13-83 所示。

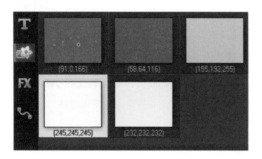

图 13-82 选择"白色"素材

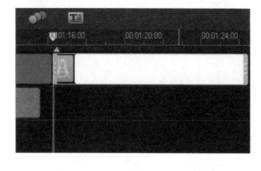

图 13-83 添加"交叉淡化"转场

03 在覆叠轨 1 中添加素材,在预览窗口中调整素材的大小及位置,如图 13-84 所示。

04 进入选项面板,单击"从左边进入"按钮,如图 13-85 所示。

图 13-84 调整素材的大小及位置

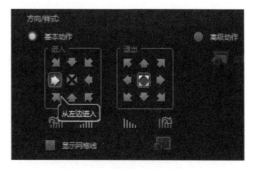

图 13-85 单击"从左边进入"按钮

13.3.2 制作片尾字幕

01 单击"标题"按钮,在预览窗口中双击鼠标左键,输入字幕内容,如图 13-86 所示。

02 在"编辑"选项卡中修改标题参数,如图 13-87 所示。

图 13-86 输入字幕内容

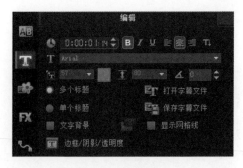

图 13-87 修改标题参数

04 在时间轴中调整标题素材的位置及区间,如图 13-88 所示。

03 切换至"属性"选项卡,在"淡化"类别中选择,1 个动画预设效果,如图 13-89 所示。

图 13-88 调整标题素材的位置及区间

图 13-89 选择第 1 个动画预设效果

13.4 后期编辑

视频文件: DVD\视频\第 13 章\13.4.MP4

全家福的片尾制作完成后,将影片添加音频并渲染输出就能形成一个完整的影片作品了。本节将学习影片的后期编辑。

13.4.1 添加影片音频

01 在时间轴中空白区域单击鼠标右键,执行【插入音频】|【到声音轨】命令,如图 13-90 所示。

02 在弹出的对话框中选择音频素材(DVD\素材\第 13 章\全家福 .m4a),将其添加到时间轴中,如图 13-91 所示。

图 13-90 执行【到声音轨】命令

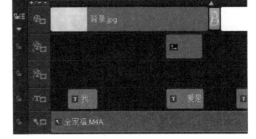

图 13-91 添加音频素材

03 拖动音频素材到合适的区间，如图 13-92 所示。

04 选中素材，进入选项面板，单击"淡入"和"淡出"按钮，如图 13-93 所示。

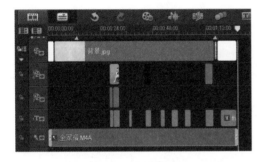

图 13-92 拖动音频素材

图 13-93 单击淡入和淡出按钮

专家提醒

在混音器视图中也可以对视频或图像素材的淡入淡出效果进入设置。

13.4.2 渲染输出

01 单击"共享"按钮，切换至"共享"步骤面板，单击"浏览"按钮，在弹出的对话框中设置文件存储路径及文件名，如图 13-94 所示。

02 单击"保存"按钮完成设置。单击"开始"按钮，如图 13-95 所示。文件开始进行渲染，渲染完成后，输出的视频文件添加到素材库中。

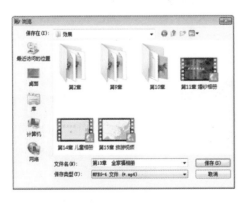

图 13-94 设置文件存储路径及文件名

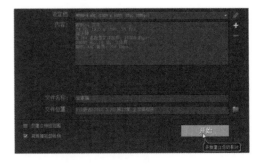

图 13-95 单击"开始"按钮

第14章
儿童相册——宝贝的快乐成长

▶本章导读:◀

童年时光总是欢快、难以忘怀的。将宝贝成长路上的生活点滴记录下来，制作成完整的电子故事影集，将会是送给他的最珍贵的礼物。本章将制作记录生活故事的儿童相册。

▶效果欣赏:◀

14.1 制作片头

视频文件: DVD\ 视频 \ 第 14 章 \14.1.MP4

用户可以发挥自己的想象力和创造力,根据不同的情境制作不同的片头。本节将制作儿童相册的片头。

14.1.1 制作片头视频

片头的制作可以直接添加已有的视频素材,也可以通过对图片素材进行编辑处理。这里的儿童相册片头视频是由图片组合制作完成的效果。

01 在视频轨中单击鼠标右键,执行【插入照片】命令,添加背景图片,并拖动素材的区间为 32 秒,如图 14-1 所示。

02 在"选项"面板中的"重新采样选项"下拉列表中选择"保持宽高比(无宽屏幕)"选项,如图 14-2 所示。

图 14-1 添加素材并调整区间

图 14-2 选择"保持宽高比"选项

03 在覆叠轨 1 中 3 秒的位置添加素材图片,并调整该素材的区间为 4 秒,如图 14-3 所示。

04 在预览窗口中调整素材的大小及位置,如图 14-4 所示。

图 14-3 添加素材并调整区间

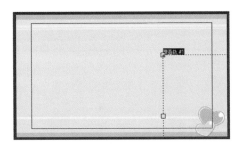

图 14-4 调整素材的大小及位置

05 在"选项"面板中单击"淡入动画效果"按钮和"从右下方进入"按钮,如图 14-5 所示。

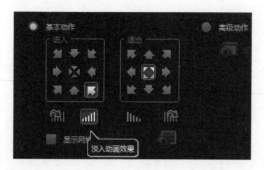

图 14-5 单击按钮

06 在覆叠轨 2 中 2 秒的位置添加素材图片,并调整该素材的区间为 5 秒,如图 14-6 所示。

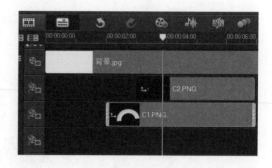

图 14-6 添加素材并调整区间

07 在预览窗口中调整素材的大小及位置,如图 14-7 所示。在"选项"面板中单击"淡入动画效果"按钮和"从右下方进入"按钮。

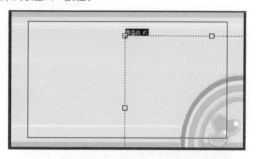

图 14-7 调整素材的大小及位置

08 在覆叠轨 3 中 2 秒 09 帧的位置添加素材图片,并调整素材的区间,如图 14-8 所示。

图 14-8 添加素材并调整区间

09 在预览窗口中调整素材的大小及位置,如图 14-9 所示。

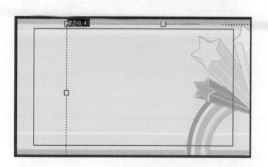

图 14-9 调整素材的大小及位置

10 在"选项"面板中单击"淡入动画效果"按钮和"从右下方进入"按钮,如图 14-10 所示。

图 14-10 单击按钮

14.1.2 添加片头字幕

字幕起到很好的醒示作用,片头字幕一般会以片名为主。

01 单击素材库中的"标题"按钮▼，如图 14-11 所示。

图 14-11 单击"标题"按钮

02 在预览窗口中双击鼠标左键，输入字幕内容，然后在另一处单击鼠标左键，输入字幕，如图 14-12 所示。

图 14-12 输入字幕

03 选择"宝贝相册"文字，在"编辑"面板中设置字体为汉仪细行楷简，字体大小为 90，字体颜色为玫红色，单击"边框 / 阴影 / 透明度"按钮，如图 14-13 所示。

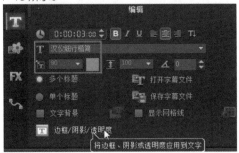

图 14-13 单击"边框 / 阴影 / 透明度"按钮

04 打开对话框，勾选"外部边界"复选框，设置边框宽度为 10，线条颜色为白色，如图 14-14 所示。

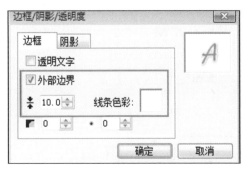

图 14-14 设置边框参数

05 切换至"阴影"选项卡，单击"下垂阴影"按钮，并设置"水平阴影偏移量"与"垂直阴影偏移量"参数均为 1.5，设置透明度参数为 60，如图 14-15 所示。

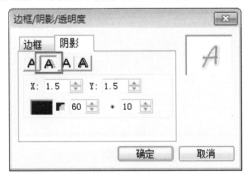

图 14-15 设置阴影参数

07 在导览面板中调整动画的暂停区间，如图 14-17 所示。

06 单击"确定"按钮完成设置。进入"属性"选项卡，单击"动画"单选按钮，选择"淡化"的第 1 个预设效果，如图 14-16 所示。

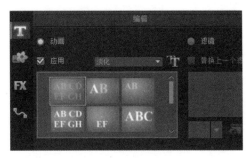

图 14-16 选择淡化效果

08 选择其他文字，在"编辑"选项卡中设置字体为 Kaufmann BT，字体大小为 54，字体颜色为绿色，单击"边框 / 阴影 / 透明度"按钮，如图 14-18 所示。

图 14-17 调整暂停区间

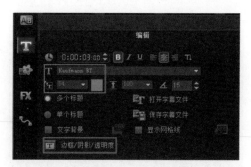

图 14-18 单击"边框 / 阴影 / 透明度"按钮

09 弹出对话框,切换至"阴影"选项卡,设置透明度参数为 20,如图 14-19 所示。单击"确定"按钮完成设置。

10 切换至"属性"选项卡,单击"动画"单选按钮,在"飞行"下选择第 2 个动画预设效果,如图 14-20 所示。

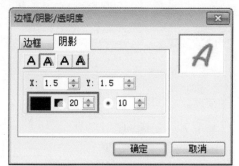

图 14-19 设置透明度参数

图 14-20 选择预设效果

11 在导览面板中调整动画的暂停区间,如图 14-21 所示。

12 在预览窗口中调整素材的位置,单击"播放"按钮预览最终效果,如图 14-22 所示。

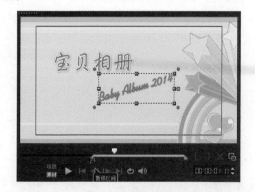

图 14-21 调整暂停区间

图 14-22 预览最终效果

14.2 制作影片

视频文件: DVD\ 视频 \ 第 14 章 \14.2.MP4

本节将平常拍摄的宝贝照片进行组合,通过添加路径、遮罩、滤镜等效果制作成儿童相册的影片。

14.2.1 视频片段一

本文将儿童相册的影片内容分为四个片段来讲解，每个片段为一个故事情节。

01 在覆叠轨 1 中添加图片素材，并调整区间为 11 秒，如图 14-23 所示。

图 14-23 添加素材并调整区间

03 选择素材，双击鼠标进入选项面板，单击"从左方进入"按钮，如图 14-25 所示。

图 14-25 单击"从左方进入"按钮

05 在覆叠轨 2 中 12 秒的位置添加素材并调整区间为 6 秒，如图 14-27 所示。

图 14-27 添加素材并调整区间

02 在预览窗口中单击鼠标右键，执行【调整到屏幕大小】命令，如图 14-24 所示。

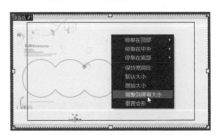

图 14-24 执行【调整到屏幕大小】命令

04 在导览面板中调整动画的暂停区间，如图 14-26 所示。

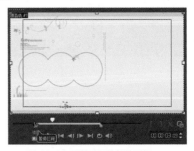

图 14-26 调整动画的暂停区间

06 在预览窗口中调整素材的大小及位置，如图 14-28 所示。

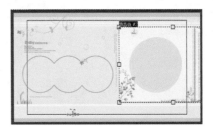

图 14-28 调整素材的大小及位置

07 进入选项面板，单击"从右边进入"按钮，如图 14-29 所示。

08 在导览面板中调整素材的暂停区间，如图 14-30 所示。

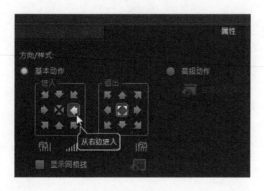

图 14-29 单击"从右边进入"按钮

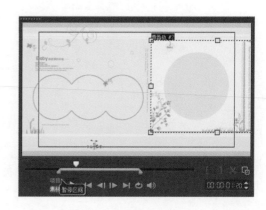

图 14-30 调整素材的暂停区间

09 在覆叠轨3中9秒添加素材，并调整区间为9秒，如图 14-31 所示。

10 在选项面板中单击"淡入动画效果"按钮，然后在导览面板中调整动画的暂停区间，如图 14-32 所示。

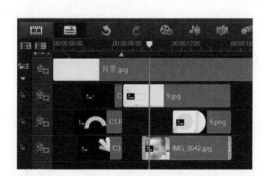

图 14-31 添加素材并调整区间

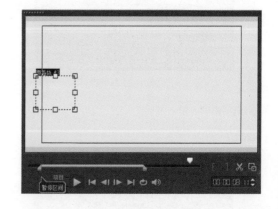

图 14-32 调整暂停区间

11 在选项面板中单击"遮罩和色度键"按钮，如图 14-33 所示。

12 勾选"应用覆叠选项"复选框，在类型下选择"遮罩帧"选项，然后在右侧单击"添加遮罩项"按钮，如图 14-34 所示。

图 14-33 单击"遮罩和色度键"按钮

图 14-34 单击"添加遮罩项"按钮

13 在弹出的对话框中选择遮罩图片，单击"打开"按钮后弹出对话框，单击"确定"按钮，如图 14-35 所示。

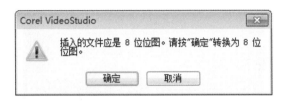

图 14-35 单击"确定"按钮

14 新增的遮罩项即已添加到素材上，在预览窗口中调整素材的大小及位置，如图 14-36 所示。

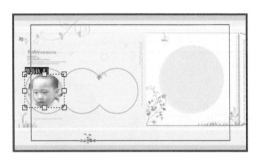

图 14-36 调整素材的大小及位置

15 在覆叠轨 4 至覆叠轨 6 中分别添加素材图片，并依次调整素材区间，如图 14-37 所示。

图 14-37 添加素材并调整区间

16 选中覆叠轨 3 中的照片素材，单击鼠标右键，执行【复制属性】命令，如图 14-38 所示。

图 14-38 执行【复制属性】命令

17 选择覆叠轨 4 至覆叠轨 6 中的素材，单击鼠标右键，执行【粘贴可选属性】命令，如图 14-39 所示。

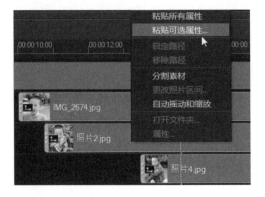

图 14-39 执行【粘贴可选属性】命令

18 在弹出的对话框中选择"覆叠选项"复选框，单击"确定"按钮，如图 14-40 所示。

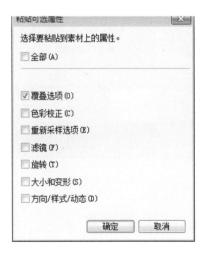

图 14-40 单击"确定"按钮

19 在预览窗口中调整素材的大小及位置，如图 14 -41 所示。

图 14-41 调整素材的大小及位置

20 为覆叠轨 4 和覆叠轨 5 中的素材设置"淡入动画效果"。并分别设置动画的暂停区间。在覆叠轨 8 中添加素材并调整区间，如图 14-42 所示。

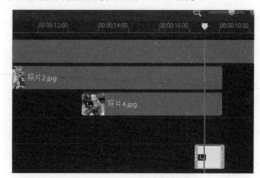

图 14-42 添加素材并调整区间

21 在选项面板中单击"从左边进入"按钮，如图 14-43 所示。

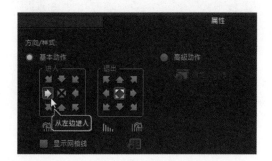

图 14-43 单击"从左边进入"按钮

22 单击"图形"按钮，在"Flash 动画"素材库中选择"FL-F07.swf"条目，如图 14-44 所示。

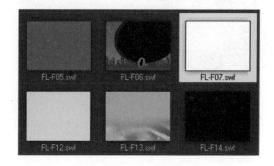

图 14-44 选择条目

23 将其拖到到覆叠轨 1 中，如图 14-45 所示。

图 14-45 添加到覆叠轨 1 中

24 展开"选项"面板，单击"编辑"选项卡，然后单击"色彩校正"按钮，如图 14-46 所示。

图 14-46 单击"色彩校正"按钮

25 拖到色调的滑块至 -96 处，如图 14-47 所示。

26 在时间轴中选择该素材，单击鼠标右键，执行【复制】命令，将复制的素材粘贴到原素材后。依次复制粘贴多次，如图 14-48 所示。

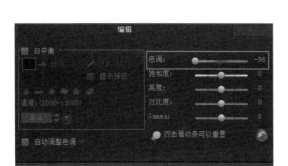

图 14-47 拖到色调的滑块

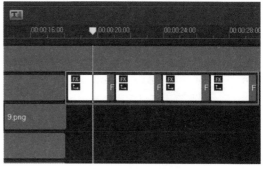

图 14-48 复制粘贴素材

27 在覆叠轨 2 中添加素材图片，并拖到素材区间为 5 秒，如图 14-49 所示。

28 打开"选项"面板，单击"高级动作"单选按钮，如图 14-50 所示。

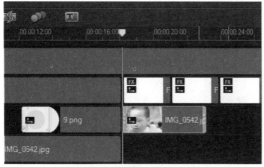

图 14-49 添加素材并调整区间

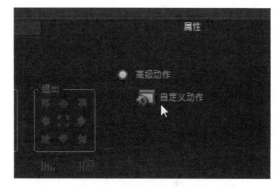

图 14-50 单击"高级动作"按钮

29 弹出对话框，设置第 1 帧的大小参数均为 20，旋转 Y 参数为 -180，并分别修改其他参数，如图 14-51 所示。

30 将滑块拖至 2 秒的位置，单击"新增主帧"按钮，新建关键帧，如图 14-52 所示。

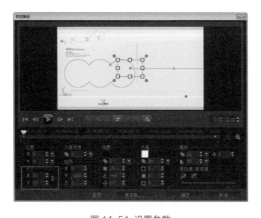

图 14-51 设置参数

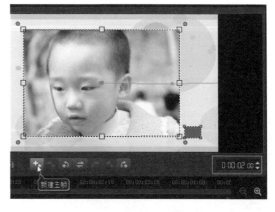

图 14-52 新建关键帧

31 选择第 1 个关键帧，单击鼠标右键，执行【复制】命令，如图 14-53 所示。

32 选择第 2 个关键帧，单击鼠标右键，执行【粘贴】命令，如图 14-54 所示。

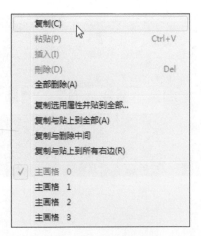

图 14-53 执行【复制】命令

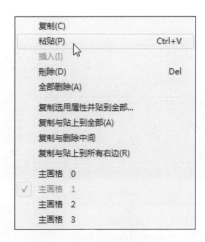

图 14-54 执行【粘贴】命令

33 调整"大小"选项组中的参数为 77，"旋转"选项组中的参数为 0，如图 14-55 所示。

34 用同样的方法，在 3 秒的位置创建第 3 个关键帧，拖动素材的位置，并设置旋转 Z 的参数为 5，如图 14-56 所示。

图 14-55 设置参数

图 14-56 设置参数

35 选择最后一个关键帧，将素材拖出屏幕外，单击"确定"按钮完成设置。在覆叠轨 3 和覆叠轨 4 中分别插入素材，如图 14-57 所示。

36 用同样的方法，为两个素材添加自定路径，效果如图 14-58 所示。

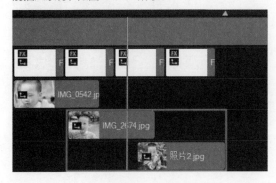

图 14-57 添加素材

图 14-58 添加自定路径效果

14.2.2 视频片段二

01 在覆叠轨1中添加素材，并调整区间为6秒，如图14-59所示。

02 在预览窗口中将素材调整至屏幕大小，然后在选项面板中单击"从左边进入"按钮。在覆叠轨2至覆叠轨4中分别添加素材，如图14-60所示。

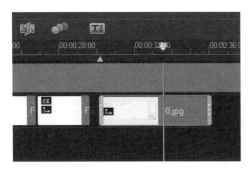

图 14-59 添加素材并调整区间

图 14-60 添加素材

03 进入选项面板，单击"淡入动画效果"按钮，然后单击"遮罩和色度键"按钮，如图14-61所示。

04 勾选"应用覆叠选项"复选框，在类型下选择"遮罩帧"选项，应用默认的遮罩项，如图14-62所示。

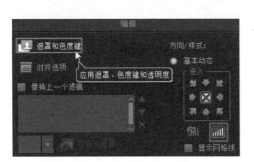

图 14-61 单击"遮罩和色度键"按钮

图 14-62 选择"遮罩帧"选项

05 在预览窗口中调整素材的大小及位置，如图14-63所示。

06 在时间轴中选择素材，单击鼠标，执行【复制属性】命令，然后选择另外两个素材，单击鼠标右键，执行【粘贴所有属性】命令，如图14-64所示。

图 14-63 调整素材的大小及位置

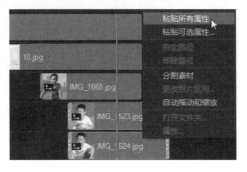

图 14-64 执行【粘贴所有属性】命令

07 在预览窗口中调整素材的大小及位置，如图 14-65 所示。

图 14-65 调整素材的大小及位置

09 分别在覆叠轨 2 和覆叠轨 3 中添加素材，如图 14-67 所示。

图 14-67 添加素材

11 在打开的对话框中设置路径参数，如图 14-69 所示。

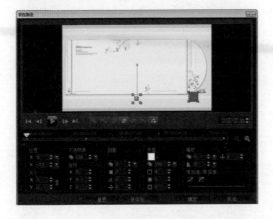

图 14-69 设置路径参数

13 在预览窗口中调整素材的大小及位置，如图 14-71 所示。

08 在"图形"素材库下的"Flash 动画"类别中选择"FL-F09.swf"，将其添加到覆叠轨 1 中，如图 14-66 所示。

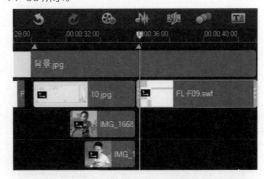

图 14-66 添加 Flash 动画素材

10 选择覆叠轨 2 中的素材，进入选项面板，单击"高级动作"单选按钮，如图 14-68 所示。

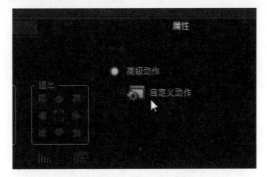

图 14-68 单击"高级动作"按钮

12 选择覆叠轨 3 中的素材，在选项面板中单击"遮罩和色度键"按钮，设置边框参数为 4，如图 14-70 所示。

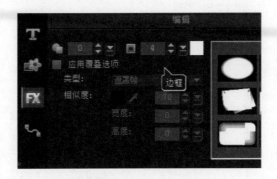

图 14-70 设置边框参数

14 在覆叠轨 4 中添加素材，用同样的操作方法，为该素材添加自定义路径动画，最终效果如图 14-72 所示。

图 14-71 调整素材的大小及位置

图 14-72 最终效果

14.2.3 视频片段三

01 在视频轨中添加背景 2 素材，并调整区间为 39 秒，如图 14-73 所示。

02 在覆叠轨 1 中添加素材，并调整区间为 8 秒，如图 14-74 所示。在预览窗口中将素材调整至屏幕大小。进入选项面板，单击"从右边进入"按钮。

图 14-73 添加素材并调整区间

图 14-74 添加素材并调整区间

03 在覆叠轨 2 中添加素材，然后在预览窗口中调整素材的大小及位置，如图 14-75 所示。

04 单击"滤镜"按钮，在"滤镜"素材库中选择"修剪"滤镜。将其拖到添加到素材上。在选项面板中单击"自定义滤镜"按钮，如图 14-76 所示。

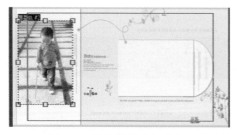

图 14-75 调整素材的大小及位置

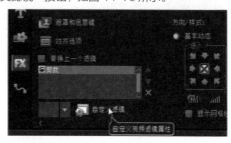

图 14-76 单击"自定义滤镜"按钮

05 在弹出的对话框中设置第 1 个关键帧的宽度和高度参数为 50，如图 14-77 所示。单击"确定"按钮完成设置。

06 在覆叠轨 3 中添加素材，在预览窗口中调整素材的大小及位置，如图 14-78 所示。用同样的方法为该素材添加"修剪"滤镜。

图 14-77 设置参数

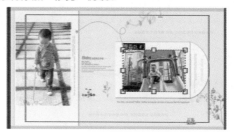

图 14-78 调整素材的大小及位置

07 在覆叠轨 2 和覆叠轨 3 中分别添加素材，如图 14-79 所示。为两个素材分别添加自定义路径动画效果。

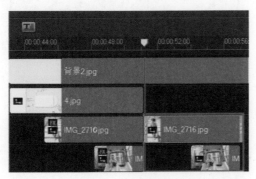

图 14-79 添加素材

08 在 Flash 动画素材库中选择"FL-I15.swf"，将其添加到覆叠轨 3 中两次，并调整区间，如图 14-80 所示。

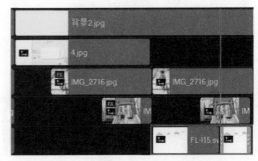

图 14-80 添加 Flash 动画并调整区间

14.2.4 视频片段四

01 在覆叠轨 1 中添加素材并调整区间为 6 秒，如图 14-81 所示。在预览窗口中将素材调整至屏幕大小。

图 14-81 添加素材并调整区间

02 在选项面板中单击"从左边进入"按钮，然后导览面板中调整动画的暂停区间，如图 14-82 所示。

图 14-82 调整动画的暂停区间

03 在覆叠轨 2 至覆叠轨 4 中分别添加素材并调整到合适的区间，如图 14-83 所示。

图 14-83 添加素材并调整区间

04 在预览窗口中调整素材的大小及位置，如图 14-84 所示。

图 14-84 调整素材的大小及位置

05 依次选中素材，在选项面板中单击"遮罩和色度键"按钮，设置边框参数为1，颜色为绿色，如图14-85所示。

06 在"滤镜"素材库中选择"自动草绘"滤镜，将其添加到覆叠轨4中的素材上。进入选项面板，单击"自定义滤镜"按钮，如图14-86所示。

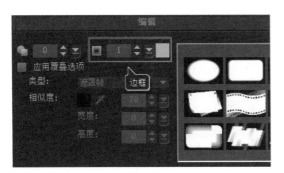

图 14-85 修改边框

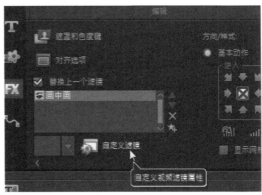

图 14-86 单击"自定义滤镜"按钮

07 在弹出的对话框中勾选"显示钢笔"复选框，如图14-87所示。单击"确定"按钮完成设置。

08 在覆叠轨1至覆叠轨3中分别添加素材，如图14-88所示。

图 14-87 勾选"显示钢笔"复选框

图 14-88 添加素材

09 选中覆叠轨1中的素材，在预览窗口中将素材调整至屏幕人小。在选项面板中单击"从左上方退出"按钮，如图14-89所示。

10 在"滤镜"素材库中选择"画中画"滤镜，将其添加到素材上。在选项面板中单击"自定义滤镜"按钮，如图14-90所示。

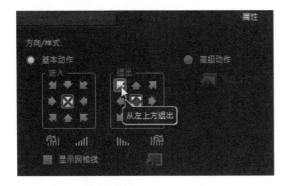

图 14-89 单击"从左上方退出"按钮

图 14-90 单击"自定义滤镜"按钮

11 在弹出的对话框中设置参数，如图 14-91 所示。

12 选择素材，单击鼠标右键，执行【复制属性】命令，选择另外两个素材，单击鼠标右键，执行【粘贴所有属性】命令，如图 14-92 所示。

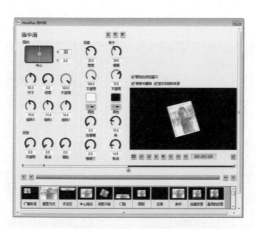

图 14-91 设置参数

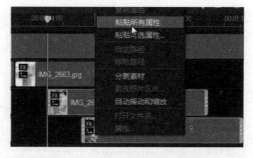

图 14-92 执行【粘贴所有属性】命令

专家提醒

这里的画中画滤镜具体参数设置请参照附带光盘中的项目文件。

14.2.5 制作影片字幕

01 单击"标题"按钮，然后在预览窗口中双击鼠标输入字幕，如图 14-93 所示。

02 在时间轴中调整标题的位置及区间，如图 14-94 所示。

图 14-93 输入字幕

图 14-94 调整标题的位置及区间

03 在选项面板中设置字体为方正大黑简体，字体大小为 54，颜色为绿色，旋转角度为 15，然后单击"边框 / 阴影 / 透明度"按钮，如图 14-95 所示。

04 弹出对话框，切换至"阴影"选项卡，单击"光晕阴影"按钮，设置强度参数为 11，颜色为白色，如图 14-96 所示。单击"确定"按钮完成设置。

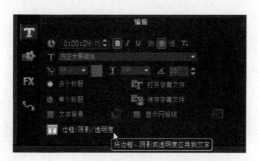

图 14-95 单击"边框 / 阴影 / 透明度"按钮

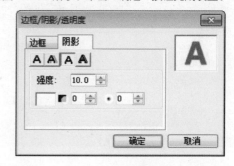

图 14-96 设置阴影参数

05 切换至"属性"选项卡，单击"动画"单选按钮，在"选取动画类型"的下拉列表中选择"弹出"类别，然后单击"自定动画属性"按钮，如图 14-97 所示。

图 14-97 单击"自定动画属性"按钮

06 弹出对话框，在方向选项组中单击"从上方进入"按钮，如图 14-98 所示。单击"确定"按钮完成设置。

图 14-98 单击"从上方进入"按钮

07 选择标题字幕，单击鼠标右键，执行【复制】命令，将复制的素材粘贴到合适位置，并调整到合适的区间，如图 14-99 所示。

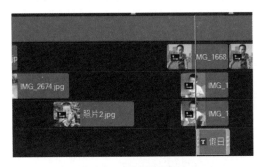

图 14-99 复制并粘贴素材

08 在预览窗口中双击鼠标左键，修改字幕内容，如图 14-100 所示。

图 14-100 修改字幕内容

09 继续复制该标题，粘贴到合适的位置，在预览窗口中修改字幕内容并调整旋转角度，如图 14 -101 所示。

图 14-101 修改字幕内容

10 进入"属性"选项面板，在动画类型下选择"下降"类别，选择第 2 个预设效果，如图 14- 102 所示。

图 14-102 选择动画预设效果

11 在时间轴中将该素材复制并粘贴到原素材后，进入"属性"选项面板，取消"应用"复选框，如图 14-103 所示。

12 将滑块拖至 40 秒的位置，在预览窗口中双击鼠标左键，输入字幕，然后在选项面板修改标题参数，并取消阴影，如图 14-104 所示。

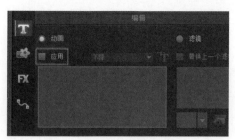

图 14-103 取消"应用"复选框

图 14-104 修改标题参数

13 在预览窗口中调整字幕的位置，如图 14-105 所示。

14 将滑块拖至合适的位置，在预览窗口中双击鼠标左键，输入字幕，如图 14-106 所示。

图 14-105 调整字幕的位置

图 14-106 输入字幕

15 在"编辑"选项面板中修改字幕的参数，如图 14-107 所示。

16 在预览窗口中调整素材的位置，如图 14-108 所示。

图 14-107 修改字幕的参数

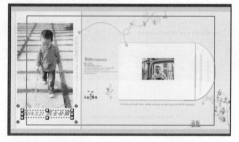

图 14-108 调整素材的位置

14.3 制作片尾

视频文件: DVD\ 视频 \ 第 14 章 \14.3.MP4

为影片添加片尾是完善影片的重要步骤之一 本节将制作儿童相册的片尾。

14.3.1 制作片尾视频

01 在覆叠轨1中添加素材并拖到素材的区间为7秒，如图14-109所示。

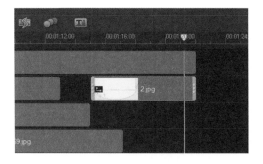

图 14-109 添加素材并调整区间

02 在预览窗口中将素材调整到屏幕大小，如图14-110所示。

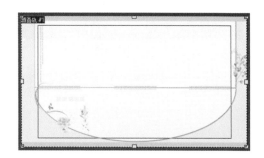

图 14-110 将素材调整到屏幕大小

03 在选项面板中单击"从右边进入"按钮，如图14-111所示。

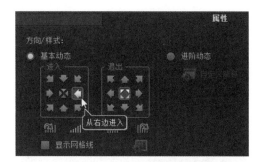

图 14-111 单击"从右边进入"按钮

04 在覆叠轨2和覆叠轨3中分别添加素材，如图14-112所示。

图 14-112 添加素材

05 选择覆叠轨2中的素材，在选项面板中单击"淡入动画效果"按钮，然后单击"遮罩和色度键"按钮，如图14-113所示。

图 14-113 单击"遮罩和色度键"按钮

06 勾选"应用覆叠选项"复选框，设置类型为"色度键"，设置色彩相似度参数为0，高度参数为60，如图14-114所示。

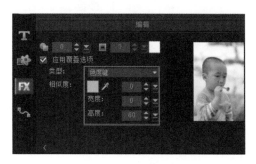

图 14-114 设置参数

07 用同样的方法为覆叠轨3中的素材设置相同的效果，如图14-115所示。

08 在预览窗口中调整两个素材的大小与位置，如图14-116所示。

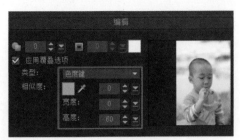

图 14-115 设置相同的效果

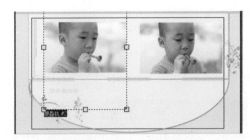

图 14-116 调整大小及位置

14.3.2　添加片尾字幕

01 选择本节中，1个字幕，单击鼠标右键，执行【复制】命令，将复制的素材粘贴到合适的位置，如图 14-117 所示。

02 在预览窗口中双击鼠标，修改字幕内容，如图 14-118 所示。

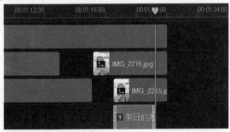

图 14-117 复制并粘贴素材

图 14-118 修改字幕内容

03 在"编辑"面板中设置标题参数，如图 14-119 所示。

04 切换至"属性"选项卡，在"选取动画类型"下拉列表中选择"下降"的第 2 个预设效果，如图 14-120 所示。

图 14-119 设置标题参数

图 14-120 选择预设效果

05 在预览窗口中继续添加字幕，如图 14-121 所示。

06 在"编辑"面板中设置参数，如图 14-122 所示。

图 14-121 继续添加字幕

图 14-122 设置参数

07 切换至"属性"选项卡，设置动画效果为"弹出"的第 3 个效果，如图 14-123 所示。

08 在导览面板中调整动画的暂停区间，如图 14-124 所示。

图 14-123 设置动画效果

图 14-124 调整暂停区间

09 在时间轴中选择素材，单击鼠标右键，执行【复制】命令，如图 14-125 所示。将复制的素材粘贴到原素材后，并调整到合适的区间。

10 选择素材，进入"属性"选项面板，取消"应用"复选框，如图 14-126 所示。

图 14-125 执行【复制】命令

图 14-126 取消"应用"复选框

14.4 后期编辑

视频文件: DVD\视频\第 14 章\14.4.MP4

本节将为儿童相册影片添加配乐，最后通过渲染输出完成完整影片的制作。

14.4.1 为影片配乐

01 在时间轴中空白区域单击鼠标右键，执行【插入音频】|【到声音轨】命令，在弹出的对话框中选择音频素材（DVD\ 素材 \ 第 14 章 \ 小龙人 .mp3 ），将其添加到时间轴中，拖动音频素材到合适的区间，如图 14-127 所示。

图 14-127 添加音频素材

02 选中素材，进入选项面板，单击"淡入"和"淡出"按钮，如图 14-128 所示。

图 14-128 单击"淡入和淡出"按钮

14.4.2 渲染输出

01 单击"共享"按钮，切换至"共享"步骤面板，单击"浏览"按钮，在弹出的对话框中设置文件存储路径及文件名，如图 14-129 所示。

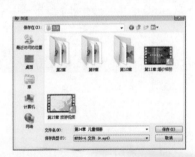

图 14-129 设置文件路径及文件名

02 单击"保存"按钮完成设置。单击"开始"按钮，如图 14-130 所示。文件开始进行渲染，渲染完成后，输出的视频文件将添加到素材库中。

图 14-130 单击"开始"按钮

会声会影常见问题

◆ 1. 如何判断电脑是 32 位还是 64 位？

会声会影 X9 分 32 位和 64 位两种，因此在安装前需要区分电脑是 32 位还是 64 位。

选择桌面上的"计算机"图标，单击鼠标右键，执行【属性】命令，弹出的对话框，在系统类型后显示了操作系统是 32 位还是 64 位，如下图所示。

◆ 2. 采用会声会影的 DV 转 DVD 向导模式时，出现"无法扫描摄影机"的问题？

此模式只能通过 DV 连接（1394）摄像机的情况下使用。

◆ 3. 打开会声会影项目文件，为什么会出现找原始文件不存在的提示？

因为项目文件的路径方式是绝对路径（只能记忆初始的文件路径），一旦移动素材或者重命名文件，项目文件就找不到路径了。为了编辑方便，在保存项目时以智能包输出可解决该问题。

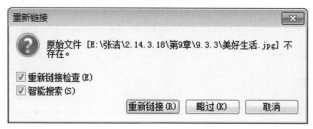

◆ 4. 重新链接的素材提示文件格式不匹配?

出现这种情况是在链接时选择的素材不对,因此在链接前需要查看弹出的链接对话框中的文件名。

◆ 5. 如何解决 3GP、MOV、MPEG4 等无法使用的问题?

很多会声会影初学者都会遇到这样一个尴尬的问题:看到一个不错的素材,但是却因为是 3GP、MOV、MPEG4 等格式的而无法使用。其实要解决这个问题很简单,只要安装 QuickTime 即可解决。

◆ 6. 在渲染时出现"该程序遇到意外错误并停止运行"的问题?

在使用用会声会影时,有时会出现"该程序遇到意外错误并停止运行"的提示对话框。

解决办法如下:

a. 对错误发生的地方的素材进项更换,或者调整转场滤镜。

b. 检查是否安装 QuickTime,如果没有安装 QuickTime 也会发生这样的情况。

◆ 7. 为什么会声会影安装时出现 Error 1402?

在安装会声会影的过程中出现 Error 1402 这样的问题。出现这种问题可能是该电脑上安装过会声会影,在卸载会声会影时没有完全卸载干净。只需要使用注册表清理工具进行清理即可。

◆ 8. 会声会影安装导向未完成 安装时发生严重错误?

有的用户在安装会声会影时,提示安装时发生严重错误,安装向导未完成。这是怎么回事?首先我们要注意区分系统是否已被修改:

如果系统没有被修改(Your system has not been modified)。

系统没有被修改说明会声会影的安装过程被阻止,会声会影尚未安装,没有垃圾残留。出现这样的原因是在安装时没有关闭杀毒软件、安全卫士。只要关闭后重新安装或重启后再试。

如果系统已被修改（Your system has been modified）

系统已被修改说明会声会影在安装到一半时被中止，重新安装时会因没有清理干净而导致安装失败。因此需要彻底清除会声会影安装失败时残留的垃圾，残留的垃圾包括磁盘文件和注册表项，然后重新安装。安装时要关闭杀毒软件、安全卫士。

◆ 9. 应用程序无法启动？

在打开会声会影时弹出对话框，提示"应用程序无法启动，因为应用程序的并行配置不正确。有关详细信息，请参阅应用程序事件日志，或使用命令行 sxstrace.exe 工具。"如下图所示。

程序的并行配置不正确是由于安装系统时使用了精简版造成的，系统缺少程序运行必须的 VC 库。

会声会影的运行需要 VC++2005 和 VC++2008 两个 VC 库，即 Microsoft Visual C++ 2005 Redistributable 和 Microsoft Visual C++ 2008 Redistributable，如下图所示。只需要下载这两个 VC 库并运行，然后重启电脑，再次打开会声会影即可。

Microsoft Visual C++ 2005 Redistributable
Microsoft Visual C++ 2008 Redistributable

◆ 10. 自动音乐不能用

因为 Quicktracks 音乐必须要有 QuickTime 才会运行，安装会声会影后可能出现不能加载自动音乐的现象，所以，在安装会声会影软件时，最好是先把 QuickTime 卸载后再安装。

◆ 11. 为什么在编辑中创建标题时选择的红色有偏色出现？

按 F6，在弹出的"参数选择"对话框中选择"编辑"选项，将"应用彩色滤镜"复选框取消，如下图所示。

◆ 12. 使用会声会影编辑图片时如何设置，刻录出来的光盘清晰度较高？

在将图片插入会声会影以前用图像处理软件将图片的大小更改一下，如果制作 DVD 则将图片修改成 720×576，如果制作成 VCD 则将图片修 改成 352×288，并且在会声会影的"参数选择"中设置"图象重新采样选项"为"调整到项目大小"。

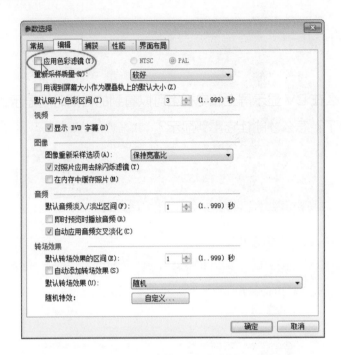

◆ 13. 为什么在"参数选择"中已经更改了工作文件夹路径，可是在刻录光盘时仍提示占用 C 盘？

在参数设置后刻录光盘时仍需要再重新将工作文件夹的路径设定为 C 盘以外的分区。

◆ 14. 项目设置很重要吗？

是的，很重要。在编辑之前要先对项目进行设置，包括常规、压缩等设置不当，会造成视频编辑出错，质量下降，渲染时间延长，光盘刻录出错等等问题。所以，每次编辑之前都应该对项目进行设置。

◆ 15. mlv 文件如何导入到会声会中？

将 MLV 的扩展名改为 MPEG 就可以用会声会影编辑了。另外，对于某些 MPEG1 编码的 AVI，也是不能导入会声会影的，但是扩展名改成 MPG 就可以导入了。

◆ 16. 提示内存不可读

内存不可读的原因很多，排除硬件问题，就应用软件问题。一般而言是虚拟内存设置太小，虚拟内存初始值应大于内存的 1.5 倍。最大值是初值的 2 倍。

◆ 17. 会声会影无法导入 RM 文件

会声会影不支持 RM RMVB 格式文件。

◆ 18. 会声会影在导出视频时自动退出。或提示"不能渲染生成视频文件"。

出现此种情况，多数是和第 3 方解码或编码插件发生冲突造成的（如风暴影音）。卸载第 3 方解码或编码插件后再渲染生成视频文件。

◆ 19. 为什么在 DV 显示屏上和电视上可以看到的日期时间显示，用 1394 线输入电脑后就没有了？怎么才能让它重新显示？

这实际只是视频流跟字符流（时间日期）分开了。一般播放器是不读取字符流的。但可以用其他软件把它调出来。比如说 vDTS。这个软件可以方便地把摄像机的时间日期打到画面上就能得到你要的时间和日期了。

◆ 20. 在准备刻录时，遇到硬盘空间不够怎么办？

按键盘上的 F6 键调出"参数选择"对话框，将工作文件夹调到更大的硬盘分区。刻录 DVD 要有 10G 以上的硬盘空间。

◆ 21. 安装好软件后，想打开软件时提示"无法初始化应用程序，屏幕的分辨率太低，无法播放视频"或双击程序无反应这是为什么？

会声会影 7 以后的版本只能在大于 1024×768 的分辨率下运行。

◆ 22. 为什么打不开 MP3 音乐文件？

可能是该文件的位速率较高，可以用转换软件把位速率重新设置到 128 或更低，这样就能顺利将 MP3 文件加入到会声会影中。

◆ 23. 当捕获 DV 信号时，隔几分钟就会出现"正在进行 DV 代码转换，按 ESC 停止"的提示，然后软件就自动清空 DV 代码缓冲区，使捕获无法进行，这是怎么回事？

这是因为电脑配置较低，如硬盘转速低，CPU 主频低和内存太小等造成的。还有要将杀毒软件和防火墙关闭以及停止所有后台运行的程序。

◆ 24. 用会声会影刻录好的 DVD 光盘为什么在家用 DVD 机上不能播放？

可能是以下几个原因：

a. 在刻录光盘时，设置成 miniDVD 的格式，这种格式某些 DVD 机不支持。

b. 用可擦写光盘刻录 DVD 光盘对某 DVD 机来说也是不能很好兼容的。

c. 刻录速度太快也会造成光盘兼容不好。

d. 有的播放机对 DVD+R 不支持，可以换成 DVD-R 试试看。在刻录时如果 没有关闭杀毒软件，也有可能使光盘兼容性变差。

◆ 25. 超过光盘容量用压缩方式刻录，会不会影响节目质量？

用降低码流的方式可以增加时长，但这样做会降低节目质量。如果对质量要求较高可以刻录成两张光盘。

◆ 26. 刻录项目中，"不转换兼容的 MPEG 文件"是什么意思？

请选择此项，当你采集下来的文件是标准的 MPEG 文件时，就不需要二次转换，节省大量的时间。比如，在编辑时从 DVD 光盘上选取的片段 就可以插入自己的视频中，后期就不再渲染它了。

◆ 27. 在编辑的时候声画是同步的，但刻录出来却出现一些部分声画不同步的现象？

a. 在进行编辑之前一定要关闭杀毒软件，并且停止其他软件运行，如果有优化大师，可以将内存进行优化后再进行编辑和压缩（渲染）。

b. 刻录速度太高，你可以降低到 16 速或 8 速试一下。高速刻录机在刻录数据光盘时有用，刻录视频光盘时一定要降低速度，否则兼容性会变差。

◆ 28. 采集时选用那种文件格式质量最高？编辑完成后选用哪种编码效果好？

采集时应当选用 DV 格式，这样可以得到高质量的视频素材。对于硬盘 DV 就直接把原始文件复制到电脑中比较好（尽管它是 MPEG 格式的 MOD 文件，可是不同于一般用软件压缩的，而是 硬件压缩完成的高质量的视频。）编辑后，生成 DVD 文件时选择 6M 的码流就比较好。

◆ 29. 刻录后的光盘清晰度与选择光盘和刻录机是否有关？

光盘清晰度与光盘和刻录机没有必然关联。只与拍摄的素材以及编辑后压缩有关。

◆ 30. 会声会影可以把老式的录象带（VHS）上的节目转换成 VCD 或 DVD 吗？

可以，但是首先要有模拟采集卡，通过模拟接口将视频信号输入电脑，然后用会声会影编辑。

◆ 31. 会声会影一定要安装到默认路径吗？

不一定，会声会影的安装路径可以修改，但需要注意设置路径名为英文名，否则可能造成安装出错。

◆ 32. 会声会影编辑后为什么不能创建 HTML5 文件

在会声会影中，如果要将编辑的视频导出为 HTML5 文件，则在创建项目的时候选择【新 HTML5 项目】，这样在导出的时候才可以选择导出为 HTML5 文件。

◆ 33. 会声会影安装错误解决办法 – 找不到指定的文件

安装会声会影时，总弹出"系统找不到指定文件"的对话框。

这个问题的解决方法其实非常简单，安装 Windows Installer Clean Up，选中如图一所示的文件将它们全部删除，然后重新安装会声会影即可。如果不成功，就将图二中所示的所有文件删除，问题就解决了。

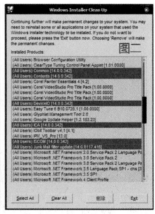

◆ 34. 会声会影安装时出现卸载提示？

一些用户在安装会声会影时遇到了这样的问题：打开会声会影安装程序，出现的不是安装向导，而是卸载向导。如果点击"取消"，就退出程序；而如果点击"删除"，又会提示"您的系统已被修改，要在其他时间完成安装，请再次运行此设置"。这是怎么回事呢？

其实，出现这个问题的原因就是用户之前安装过会声会影，而在卸载的时候没有完全卸载，所以我们要做的就是对之前的版本进行彻底卸载，然后重新安装会声会影即可。

◆ 35. 将素材直接插入到会声会影时间轴后，如何查看素材文件的属性？

将素材文件插入到时间轴后，右击要查看属性的素材，弹出快捷菜单，选择【属性】命令，弹出"属性"对话框，即可看到当前素材的相关属性。

◆ 36. 在会声会影程序中进行编辑后，为何不能撤销已进行的操作？

正常情况下，在会声会影程序中是可以对所进行的操作进行撤销的，如果不能撤销，可以打开"参数选择"对话框，切换到"常规"选项卡，勾选"撤销"复选框即可。另外用户可以根据需要，在"级数"数值中对可撤销的步骤数进行设置。

◆ 37. 如何获得更多的色彩文件

进入"色彩"素材库后，程序提供了15种色彩文件，需要获得更多的色彩文件时，可以先为项目文件任意一个色彩文件，然后切换到"色彩"面板，单击色彩选取器"图标，弹出颜色列表框，单击"Corel色彩选取器"对话框，用户可根据需要选择要使用的颜色，然后单击"确定"按钮即可。

◆ 38. 为影片的声音素材了"删除噪音"滤镜后，为什么声音变得断断续续？

这是由于"删除噪音"滤镜的强度过大，造成音频文件的损坏。应用了"删除噪音"滤镜后，可以单击"音频滤镜"对话框中的"选项"按钮，弹出"删除噪音"对话框，将阈值设置小一点，即可改变应用了滤镜后的声音变得断断续续的现象。

◆ 39. 为素材加了滤镜效果后，在"属性"面板中的已添加滤镜列表中可以看到所添加的滤镜，但是预览窗口中却看不到滤镜效果，这是怎么回事？

这是因为素材的滤镜是隐藏的状态，在滤镜列表中单击滤镜前的小方框，使其显示"眼睛"图标，如下图所示。

◆ 40. 设置了自动添加转场效果后，插入素材文件时，为何会弹出"插入素材的区间太长，它将被修整到恰当的长度"内容的提示框？

出现该提示框的原因是由于用户在设置自动添加转场时，设置的转场时间超过素材的播放时间。为防止此类现象的出现，可以将自动添加转场的区间长度设置为2秒以内。

◆ 41．在反转视频时，如何能只反转视频而不反转音频？

反转视频文件前，将音频文件从视频中分割出来，然后再反转视频，就可以完成只反转视频而不反转音频的操作。

◆ 42．在"绘图创建器"中录制时，录制到一半需要重新开始，该如何操作？

录制了一半的动画文件需要重新开始时，单击编辑区左上方的"清除预览窗口"按钮，即可将所录制的画面清除，然后就可以重新开始录制素材文件了。

◆ 43．如何获得更多的中文字体？

在会声会影程序中字体有限，如果用户需要使用更多漂亮的字体可以在网站中下载字体，然后安装到电脑的 c:\windows\fonts 目录下。重启会声会影即可使用安装的字体。

◆ 44．调整了时间轴视图的显示比例后，如何将其还原为默认设置？

需要将时间轴的显示比例调整为默认大小时，单击时间轴上方的"将项目调整到时间轴窗口大小"按钮即可。

◆ 45．为影片向导插入电脑中的音乐时，音乐的长度超过影片的长度时，如何将音乐与影片设置为一样长？

为影片向导中的影片插入背景音乐后，单击"设置影片的区间"按钮，弹出"区间"对话框，单击"适合背景音乐"单选按钮，然后单击"确定"按钮即可。

◆ 46．YouTube 是什么网站？

YouTube 网站是一个视频分享网站，使用者可以通过该网站上传、观看及下载视频短片，是目前比较受欢迎的在线视频服务提供商。

◆ 47．一张 4.7GB 的 DVD 光盘，能刻录多长时间的视频？

一张 4.7GB 的 DVD 光盘在刻录常用的 DVD 格式的视频文件时，可以刻录 70 分钟左右的内容，但是如果用户所刻录的文件质量较高，刻录的时间会短一些。

◆ 48．刻录光盘时，能不能将用户的版权信息一起刻录到光盘中？

可以。进入刻录界面后，单击界面左上角的"针对刻录的更多设置"按钮，弹出"刻录选项"对话框，在"要包含到光盘中的文件"区域内勾选"版权信息"复选框，然后单击"确定"按钮，返回到刻录界面中继续进行刻录操作即可。